ARBEITSMETHODEN DER MODERNEN NATURWISSENSCHAFTEN

HERAUSGEGEBEN VON PROFESSOR DR. KURT FISCHBECK

GRUNDLAGEN DER POLARIMETRIE

Gerätekunde und Meßtechnik

von

DR. PHIL. JOHANNES FLÜGGE

wissenschaftlichem Mitarbeiter der Fa. Carl Zeiss
in Oberkochen und Göttingen

Mit 72 Abbildungen und 28 Tabellen

WALTER DE GRUYTER & CO.

Berlin 1970

Archiv-Nr. 57 43 701.

Printed in Germany.

Satz und Druck: Hubert & Co., Göttingen

Vorwort

Als optische Methode der analytischen Chemie gründet sich die Polarimetrie auf dem Biotschen Gesetz aus dem Jahre 1831. Sie ist also keine neue Technik. Aber die moderne Chemie bedient sich in jüngster Zeit mit großen Erfolgen polarimetrischer Verfahren auch bei der Erforschung des Moleküls und stellt neue und gesteigerte Anforderungen an das polarimetrische Instrumentarium. So gibt es heute Polarimeter von hoher Leistungsfähigkeit, nicht nur hinsichtlich der Genauigkeit, sondern auch und vor allem hinsichtlich der Anwendungsbreite und des Bedienungskomforts.

Da es im deutschen Schrifttum schon seit sehr langer Zeit kein selbständiges zusammenfassendes Werk über Polarimeter gibt, entspricht es vermutlich einem Bedürfnis, nun eine solche Darstellung herauszubringen, die die physikalischen Grundlagen behandelt sowie mit den modernen Geräten und der diesbezüglichen allgemeinen Meßtechnik bekannt macht. Auf bestehendes Schrifttum wird im Text mit laufenden Nummern in eckiger Klammer wiederholt hingewiesen, es kann im Kapitel 10 anhand der Nummern gefunden werden.

Das Polarimetrieren verlangt dem Benutzer von Polarimetern nicht geringe geräte- und meßtechnische Kenntnisse ab, und diese zu vermitteln, soweit sie bis zum Abschluß des Manuskripts im Sommer 1969 verfügbar sind, ist die Hauptaufgabe des vorliegenden Buches. Arbeitsvorschriften für das angewandte Polarimetrieren werden bewußt nicht gegeben, weil dies über den nach Inhalt und Umfang gesteckten Rahmen weit hinausgehen würde.

Der Verfasser erfreute sich der Unterstützung durch die im Text, in den Abbildungen und Tabellen genannten Herstellerfirmen von Polarimetern, was ihn zu großem Dank verpflichtet. Ganz besonders sei Herrn Meinrad Mächler in der Firma Carl Zeiss, Oberkochen, gedankt, der sich der Mühe unterzog, das Manuskript kritisch durchzusehen, und der aus seiner großen Erfahrung heraus wertvolle Anregungen beisteuerte.

Last not least bekundete Herr Professor Dr. K. Fischbeck, Heidelberg, persönliches Interesse an diesem Buch und förderte in jeder Hinsicht seine Fertigstellung. Dafür ist der Verfasser Herrn Professor Fischbeck zutiefst dankbar.

Schließlich sei auch dem Verlag für die verständnisvolle Bereitschaft zur Übernahme und technischen Ausführung des Werkes vielmals gedankt.

Göttingen, im Frühjahr 1970 *Dr. Johannes Flügge*

Inhaltsverzeichnis

Einleitung

Die Polarimetrie ist eine der quantitativen optischen Methoden der Chemie, die der chemischen Gewichtsanalyse an Empfindlichkeit überlegen sind. Die Anwendung der Polarimetrie ist allerdings auf Stoffe beschränkt, die man als „optisch aktiv" bezeichnet, d. h. auf Stoffe, die optisches Drehungsvermögen aufweisen, eine physikalische Eigenschaft, die auf Wechselwirkungen zwischen polarisierten, speziell linear polarisierten Wellen und dem Aufbau des elektrischen Ladungssystems im Molekül beruht. Darüber wird weiter unten einiges ausgesagt.
Bei linear polarisierter Strahlung schwingt der elektrische Feldvektor in einer bestimmten Ebene, während natürliche Strahlung alle möglichen Schwingungszustände zwischen linearer Polarisation und zirkularer Polarisation als den beiden Grenzfällen allgemein elliptischer Polarisation aufweist, wobei statistisch die größte Häufigkeit bei den elliptischen Schwingungen des elektrischen Feldvektors liegt und die Schwingungsellipsen hinsichtlich ihrer Elliptizität, azimutalen Orientierung, Größe und Umlaufsrichtung in ihrer Aufeinanderfolge entlang der Fortpflanzungsrichtung ganz unregelmäßig verteilt sind.
Substanzen mit optischem Drehungsvermögen erteilen linear polarisierten Wellen eine Drehung der Schwingungsebene, die, wenn die optisch aktive Substanz homogen ist, mit der durchstrahlten Wegstrecke gleichförmig zunimmt. Solche Stoffe sind insbesondere „natürlich" optisch aktiv, wenn die Drehung nicht erst durch von außen induzierte Kräfte (wie bei der magneto-optischen Drehung, vgl. S. 6) hervorgerufen wird.

1. Physikalische Grundlagen

1.1. Optische Drehung und optische Aktivität

Die optische Drehung ist eine Erscheinungsform optischer Anisotropie. Anisotrop sind Stoffe, bei denen physikalische Größen, wie z.B. der Ausdehnungskoeffizient, Elastizitätswerte, die elektrische Leitfähigkeit, die Lichtgeschwindigkeit, die Lichtabsorption u. a., richtungsabhängig sind. Optische Anisotropie äußert sich z.B. als Doppelbrechung: Lichtwellen werden beim Eintritt in den anisotropen Stoff in zwei Wellen von unterschiedlicher Geschwindigkeit, d. h. mit unterschiedlichen Brechungszahlen aufgespalten.

Es gibt *lineare* Doppelbrechung und *zirkulare* Doppelbrechung. Bei der erstgenannten sind die beiden aufgespaltenen und unterschiedlich schnell fortschreitenden Wellen linear polarisiert mit zueinander senkrechten Schwingungsrichtungen. Bei der zirkularen Doppelbrechung sind die beiden aufgespaltenen und unterschiedlich schnell fortschreitenden Wellen gegensinnig zirkular polarisiert, d. h. in jeder kreist der elektrische Feldvektor um den Strahl, der eine rechts herum, der andere links herum.

Linear polarisierte Schwingungen können resultierend gedacht werden aus einer rechts-zirkularen und einer links-zirkularen Komponente, beide von gleicher Amplitude und Kreisfrequenz (Abb. 1). Eine anisotrope

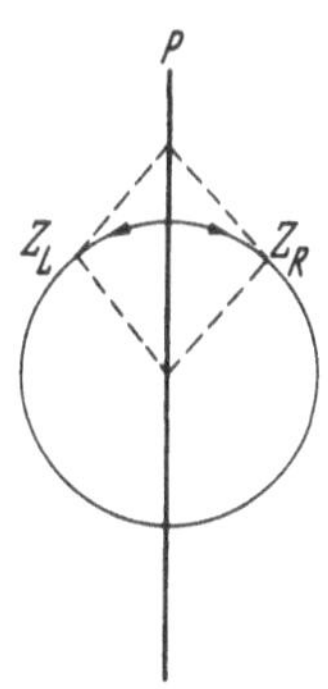

Abb. 1: Erzeugung einer linearen Schwingung P aus zwei gegensinnigen zirkularen Schwingungskomponenten Z_R und Z_L

Substanz mit zirkularer Doppelbrechung erteilt den beiden Zirkularkomponenten auf dem Wege durch die Substanz wegen der unterschiedlichen Fortpflanzungsgeschwindigkeiten einen angularen Gangunterschied γ (Abb. 2), demzufolge sich die Zirkularkomponenten beim Austritt aus der Substanz zwar wieder zu linearen Schwingungen zusammensetzen, aber mit einer um den Winkel $\alpha = \gamma/2$ gedrehten Schwingungsrichtung.

Die Drehung kann bei Beobachtung gegen die Lichtrichtung im Uhrzeigersinn oder gegen den Uhrzeigersinn gerichtet sein, dies hängt von

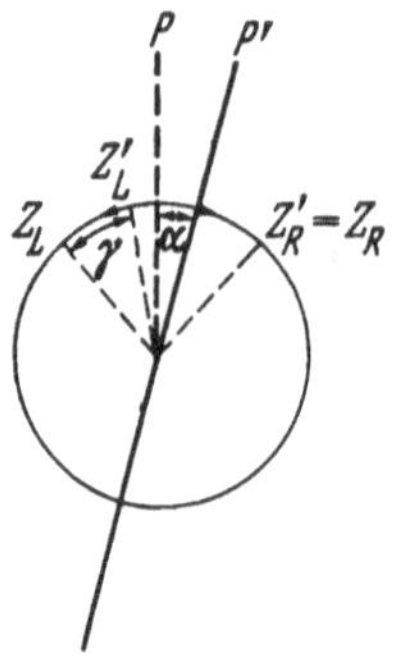

Abb. 2: Vereinigung einer rechtszirkularen Schwingung Z'_R mit einer um den Winkel γ verzögerten linkszirkularen Schwingung Z'_L zu einer um den Winkel $\alpha = \gamma/2$ gedrehten linearen Schwingung P'

der Substanz ab. Man spricht daher von *rechtsdrehenden* (im Uhrzeigersinn) und *linksdrehenden* (gegen den Uhrzeigersinn) Stoffen, die Drehungswinkel der ersteren werden mit Pluszeichen, die der letzteren mit Minuszeichen versehen. Rechtsdrehende Stoffe nennt man auch *dextrogyr*, abgekürzt d, linksdrehende Stoffe *lävogyr*, abgekürzt l. Man unterscheidet daher z.B. d-Quarz von l-Quarz.

Das optische Drehungsvermögen oder, wie man auch sagt, die natürliche *optische Aktivität* ist mit dem Aufbau des Ladungssystems des Moleküls der optisch aktiven Substanz eng verknüpft. Besitzt eine Substanz optisches Drehungsvermögen, so ist dies ein wichtiger Hinweis auf eine besondere Art jenes Aufbaus. In jedem Fall deutet optische Aktivität auf das Fehlen von Symmetriezentrum und Symmetrieebenen im Ladungsaufbau, dabei können aber Symmetrieachsen vorhanden sein. Man nennt solche Moleküle dissymmetrisch. Das ist z.B. bei Molekülen

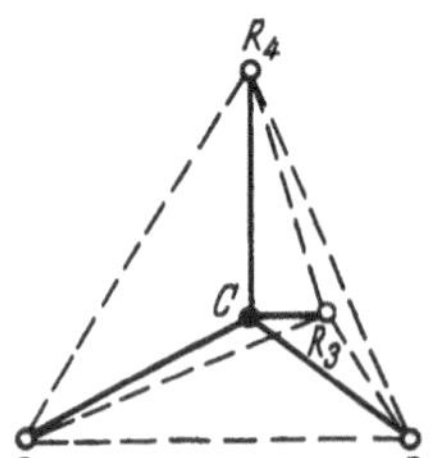

Abb. 3: Optisch aktive Tetraederbindung eines asymmetrischen Kohlenstoffatoms C

mit „asymmetrischem" *Kohlenstoffatom* C der Fall, dessen vier Valenzen durch vier voneinander verschiedene Atome oder Radikale ($R_1 \ldots R_4$) in den vier Ecken eines Tetraeders abgesättigt sind (Abb. 3). In analoger

Weise gilt dies von Verbindungen mit vierwertigem S, Se, Si, Sn oder fünfwertigem P.
Ferner tritt optische Aktivität bei mangelnder Komplanarität in *Ringverbindungen* auf, z.B. beim Cyclohexan-Derivat 4-Methylcyclohexyliden-essigsäure nach Abbildung 4, bei dem die Gruppe

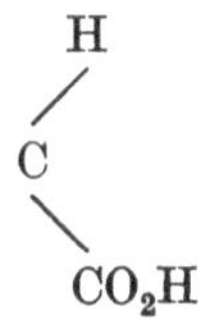

in der gleichen Ebene wie der Cyclohexanring liegt, während CH_3 und H in einer zum Ring senkrechten Ebene liegen, so daß das Molekül keine Symmetrieebene hat.

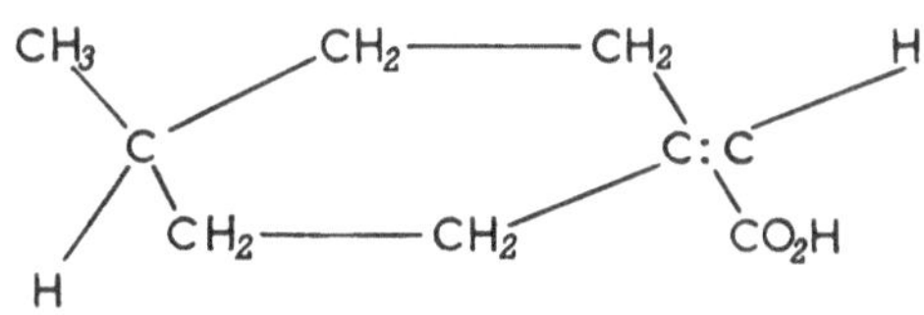

Abb. 4: Beispiel eines optisch aktiven Moleküls mit Ringbindung, räumlich dargestellt

Schließlich sind gewisse Makro-Moleküle, die man als *Helix* bezeichnet, optisch aktiv. Eine Helix ist eine Molekülstruktur, die einen schraubenförmig gewundenen Faden bildet, so z.B. bei den Polypeptiden, Proteinen usw.
Wenn ein Molekül eine gerade Anzahl asymmetrischer Kohlenstoffatome enthält, jedoch in antisymmetrischer Anordnung, so ist die Asymmetrie kompensiert, d.h. das Molekül ist nicht optisch aktiv (z.B. die optisch nicht aktive Meso-Weinsäure gegenüber der optisch aktiven Weinsäure, Abb. 5).

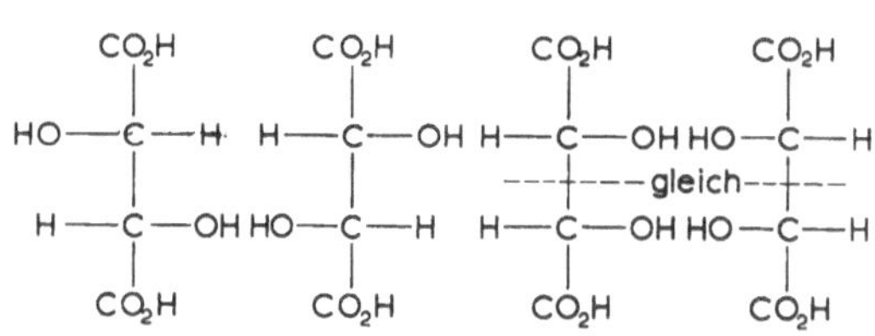

Abb. 5: Von links nach rechts: (—)-Weinsäure; (+)-Weinsäure; optisch inaktive Meso-Weinsäure

Dissymmetrische Moleküle sind in zwei *isomeren* Formen möglich, die sich wie Bild und Spiegelbild verhalten. Man spricht von *Antipoden.* Antipoden haben dem Betrage nach die gleiche optische Drehung, aber von entgegengesetztem Vorzeichen.

Eine Substanz mit Molekülen nur der einen Antipodenform hat die optische Drehung dieser Antipode. Eine Substanz, die im Verhältnis 1 : 1 aus Molekülen beider Antipoden besteht, hat die Drehung Null. Man spricht dann von einem *Racemat.* Das Fehlen von optischer Drehung ist also kein Beweis dafür, daß die Moleküle nicht dissymmetrisch sind.

Die optische Aktivität hängt somit einerseits von der Polarisierbarkeit der Moleküle ab, andererseits von der geometrischen Konfiguration der die Aktivität erzeugenden schwingenden Gebilde, so daß man umgekehrt die optische Drehung dazu benutzen kann, Aufschluß über die Lage der Resonatoren im Molekül zu gewinnen. Die Theorie der optischen Drehung ist insbesondere von W. Kuhn in mehreren Arbeiten [71], [72] behandelt worden. Sie sind in [15] zusammengefaßt. Auch ist sie zu finden bei Born [2] und Weissberger [23].

1.2. Normale und anomale Rotationsdispersion

Die optische Drehung eines Stoffes zeigt spektrale Dispersion, d.h. die Drehung ist wellenlängenabhängig. Man spricht von optischer *Rotationsdispersion* und kürzt sie mit den drei Buchstaben ORD ab.

Bei *normaler* ORD wächst die Drehung in zunehmendem Maße nach kürzeren Wellenlängen hin. Tritt in begrenzten Spektralbereichen entgegengesetzte ORD auf, so spricht man von *anomaler* ORD. Diese tritt als Folge von *zirkularem Dichroismus* auf. Als Dichroismus bezeichnet man eine Erscheinungsform optischer Anisotropie, die sich als anisotrope Absorption äußert. Bei linearem Dichroismus werden zwei senkrecht zueinander linear polarisierte Schwingungen verschieden stark absorbiert, bei zirkularem Dichroismus werden rechts- und linkszirkular polarisiertes Licht unterschiedlich absorbiert. Zirkular dichroitisch ist ein optisch aktiver Stoff im Bereich bestimmter Absorptionsbanden im Spektrum. Die sich als optische Aktivität äußernde Asymmetrie in der Molekülstruktur induziert in einer benachbarten chromophoren Gruppe (Atomgruppe des Moleküls, von der die Absorption abhängt) eine asymmetrische Störung, wodurch gewisse Absorptionsbanden stark optisch aktiv werden.

Als Folge davon wird die optische Drehung von linear polarisiertem Licht im Wirkungsbereich solcher Absorptionsbanden anomal verändert, zugleich wird das linear polarisierte Licht schwach elliptisch polarisiert (*Cotton-Effekt* [41], [42] Abb. 6).

Der Befund von Abb. 6 stellt sich analytisch wie folgt dar: In die Schwingungsrichtung P des linear polarisierten Lichts falle die y-Achse eines ebenen rechtwinkligen Koordinatensystems x, y. Dann lauten die Gleichungen der links-zirkularen Schwingung Z'_L:

$$x_L = -r_L \cdot \sin \omega t, \quad y_L = +r_L \cdot \cos \omega t, \tag{1}$$

der rechts-zirkularen Schwingung Z'_R:

$$\begin{aligned} x_R &= + r_R \cdot \sin (\omega t - \gamma), \\ y_R &= + r_R \cdot \cos (\omega t - \gamma). \end{aligned} \tag{2}$$

Z'_L und Z'_R setzen sich zusammen zu der Schwingung E mit

$$x_E = x_R + x_L, \quad y_E = y_R + y_L.$$

E ist eine elliptische Schwingung mit der Halbachse $r_L + r_R$ im Winkel $\alpha = \gamma/2$ und der Halbachse $r_L - r_R$ im Winkel $90° + \alpha = 90° + \gamma/2$.

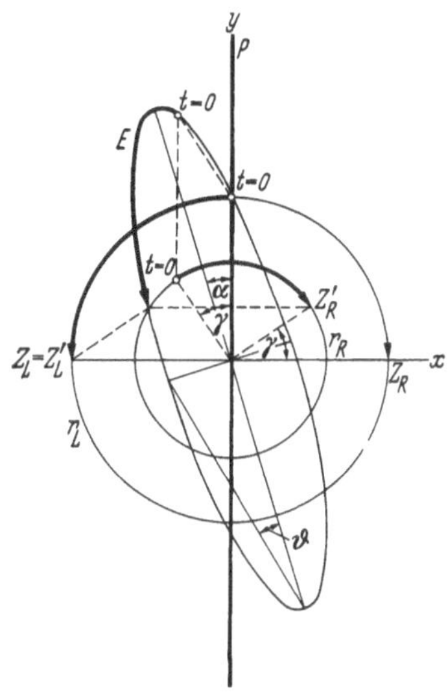

Abb. 6: Zusammensetzung zweier frequenzgleicher gegensinnig zirkularer Schwingungen Z'_L und Z'_R mit Phasendifferenz γ und zirkularem Dichroismus zu einer um den Winkel $\alpha = \gamma/2$ gedrehten elliptischen Schwingung E

Hiermit sind der Drehwinkel α und durch das Halbachsenverhältnis die *Elliptizität* bestimmt; letztere ist durch einen Winkel ϑ ausdrückbar gemäß der Definition

$$\tan \vartheta = \frac{r_L - r_R}{r_L + r_R}. \tag{3}$$

r_L ist in Abbildung 6 größer als r_R infolge des zirkularen Dichroismus. Das Verhältnis r_L/r_R ist um so größer, je länger die durchstrahlte Schichtlänge der optisch aktiven Substanz bei zirkularem Dichroismus ist, d.h. je stärker die Absorption der rechts-zirkularen Schwingung relativ zur links-zirkularen Schwingung wird.

Auch γ wird mit zunehmender Schichtlänge größer. Also wachsen sowohl α als auch $\tan \vartheta$ proportional mit der Schichtlänge.
Die optisch aktiven Absorptionsbanden liegen für die meisten Substanzen im Ultraviolett (Beispiel: die allermeisten gesättigten Ketone zeigen Cotton-Effekt im spektralen Bereich zwischen 270 und 320 nm). Nicht alle Absorptionsbanden sind optisch aktiv, nicht alle zeigen daher Cotton-Effekt. Aber Cotton-Effekt ist immer mit Absorption und Elliptizität verbunden.

1.3. Nicht-natürliche optische Drehung

1.3.1. Linearer Dichroismus

Gewisse Kristalle haben linearen Dichroismus. Die in den Hauptschwingungsrichtungen x, y des Kristalls schwingenden Wellenkomponenten werden verschieden stark absorbiert (Prinzip der Polarisationsfilter). Tritt linear polarisiertes Licht P in einen solchen Kristall ein, so verläßt es ihn mit gedrehter Schwingungsrichtung P' (Abb. 7).

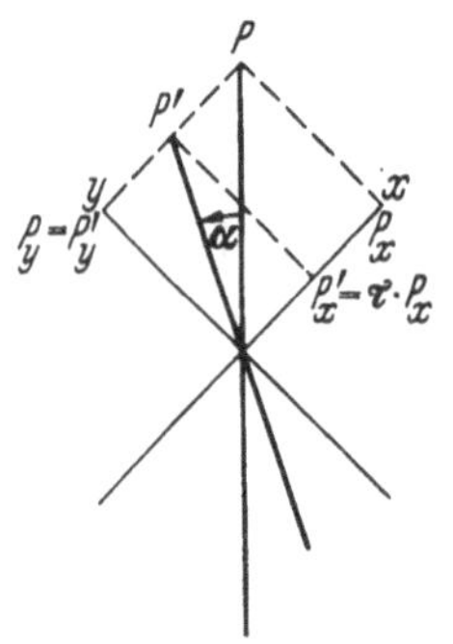

Abb. 7: Optische Drehung α linear polarisierten Lichts $P \to P'$ bei linearem Dichroismus

1.3.2. Magneto-optische Drehung (Faraday-Effekt)

Alle Substanzen bekommen optisches Drehungsvermögen in einem Magnetfeld, dessen Kraftfluß in der Richtung des Lichtdurchgangs oder in Gegenrichtung eine nicht verschwindende Komponente hat, insbesondere also, wenn die magnetischen Kraftlinien parallel oder antiparallel zum Lichtdurchgang sind. Man nennt diese Wirkung des Magnetfeldes „*Faraday-Effekt*“ [48], [49]. Die durch das Magnetfeld induzierte optische Drehung heißt daher auch *magneto-optische Drehung*. Der Betrag ihres Drehwinkels α ist zur Stärke H des Magnetfeldes in Lichtrichtung und zur Länge l des Lichtweges proportional:

$$\alpha = \omega \cdot l \cdot H. \tag{4}$$

Der Richtungssinn der Drehung kehrt sich um, wenn das Magnetfeld umgepolt wird.

Die Proportionalitätskonstante ω heißt *Verdetsche Konstante*. In Tabelle 1 sind Verdetsche Konstanten ω in Winkelminuten für 1 m Lichtweg und für die magnetische Feldstärke 1 A $\cdot$ m^{-1} zusammengestellt.

Das horizontale erdmagnetische Nord-Süd-Feld hat in Mitteleuropa die Feldstärke 15,4 A $\cdot$ m^{-1}. Für Wasser ergibt sich somit (bei 20° C und $\lambda = 589{,}3$ nm) nach 0,4 m Lichtweg die Drehung $\alpha = +0{,}0164 \times 0{,}4 \times 15{,}4$ Winkelminuten, d.h. $\alpha = +0{,}10' = 0{,}0017°$. Bei präzisionspolarimetrischen Messungen muß man also gegebenenfalls das Polarimeter

Tabelle 1: Verdetsche Konstanten ω ausgewählter Substanzen in Winkelminuten für 1 m Lichtweg und für die magnetische Feldstärke 1 A · m^{-1}.

Substanz	Temperatur °C	Wellenlänge nm	Verdetsche Konstanten
Wasser	20°	589	+ 0,0164
		546	+ 0,0195
Schwefelkohlenstoff	21,6°	589	+ 0,0527
		546	+ 0,0644
		436	+ 0,1097
Benzol	20°	589	+ 0,0379
		436	+ 0,0739
		405	+ 0,0959
Chloroform	18°	578	+ 0,0210
Tetrachlorkohlenstoff	20°	578	+ 0,0211
α-Monobromnaphthalin	20°	589	+ 0,1030
		496	+ 0,1652
		453	+ 0,2165
		405	+ 0,3206
Äthylalkohol	16°	453	+ 0,0245
		405	+ 0,0314
Titanchlorid	17,9°	546	—0,0255
Ferricyankalium		600	—0,03
Ferrocyankalium		600	+ 0,02
Wasserstoff	0° 760 Torr	546	+ 85 · 10^{-7}
Schwefelwasserstoff	0° 760 Torr	546	+ 584 · 10^{-7}
Äthylen	0° 760 Torr	546	+ 447 · 10^{-7}
TeO_2-Glas [101 a]		1060	+ 0,06
(20 TeO_2 · 80 PbO)		700	+ 0,16

in Ost-West-Richtung aufstellen. Auf keinen Fall dürfen Präzisionspolarimeter Bauteile enthalten, die apparativ ein Magnetfeld in Richtung der Polarimeterröhre hervorrufen.

Nach Becquerel (Born [2]) ist die Verdetsche Konstante proportional zur Brechungsdispersion und zur Schwingungsfrequenz des Lichts. Daher haben z.B. Gläser mit hohem Anteil des Pb^{2+}-Ions eine hohe Verdetsche Konstante, was besonders in Gläsern mit Te^{4+} als Glasbildner zum Ausdruck kommt (siehe Tab. 1).

Die Temperaturabhängigkeit der Verdetschen Konstante kann beträchtlich sein. Der Temperaturkoeffizient $d\omega/dt$ beträgt für Wasser —30,5 · 10^{-6}, für Schwefelkohlenstoff —1696 · 10^{-6}.

Die einschlägigen Tabellenwerke der Physik und Chemie enthalten Werte der Verdetschen Konstante für eine Vielzahl von festen Stoffen, Flüssigkeiten, Lösungen und Gasen. Es ist jeweils darauf zu achten, für welchen Lichtweg, welche magnetische Feldstärke (wobei diese häufig in Oersted angegeben wird, 1 Oe = 79,577 A · m^{-1}), welche Temperatur und welche Lichtwellenlänge die mitgeteilten Werte gelten. Auch das

Vorzeichen ist zu beachten, nämlich Plus, wenn, wie im allgemeinen, die Drehung in der Richtung des elektrischen Stromes erfolgt, der in einer Spule das magnetische Feld hervorruft. Es gibt Substanzen mit Minuszeichen der Verdetschen Konstante, z.B. Eisensalze und andere, paramagnetische Salze (insbesondere Seltene Erden) sowie ihre Lösungen.
Aufgrund der klassischen Elektronentheorie erklärt sich die magnetooptische Drehung bei diamagnetischen Stoffen mit der Beeinflussung der Elektronenbewegung durch das Magnetfeld [2]. Jedes Elektron besitzt einen unveränderlichen Drehimpuls, den sog. Spin, und ein magnetisches Moment, dessen Richtung der des Spins entgegengesetzt ist. Wird ein Elektron in ein magnetisches Gleichfeld gebracht, dessen Richtung nicht mit der Richtung des magnetischen Moments des Elektrons übereinstimmt, so wird auf das Elektron ein mechanisches Drehmoment ausgeübt, welches das Elektron als Kreisel zu Präzessionsbewegungen veranlaßt. Besteht nun zusätzlich ein magnetisches Wechselfeld (nämlich nach der elektromagnetischen Lichttheorie das des die Probe durchstrahlenden Lichts), das man in zwei amplitudengleiche zirkulare Komponenten zerlegen kann, so ist klar, daß die im Präzessionssinn drehende Feldkomponente anders mit dem Elektron in Wechselbeziehung tritt als die gegensinnig drehende Komponente. Auf diese Weise kommt eine Drehung der Polarisationsebene des Lichts durch das Magnetfeld zustande.
Bei paramagnetischen Stoffen tritt zusätzlich eine Drehung auf, die auf der Orientierung der atomaren Dipole beruht. Bei ferromagnetischen Stoffen ist die magneto-optische Drehung zur magnetischen Induktion (nicht zur magnetischen Feldstärke) proportional, was auch für nicht ferromagnetische Stoffe bei hohen Feldstärken und tiefen Temperaturen gilt, in diesem Falle wird die Proportionalitätskonstante als Kundtsche Konstante bezeichnet. Eine Eisenschicht von 0,02 mm Dicke liefert bei 10000 Gauß eine volle Drehung um 360°.

1.4. Bezogene Größen der optischen Drehung

Eine *bezogene* Größe ist nicht die betreffende Größe selbst, sondern ihr Verhältnis zu einer anderen Größe, die so gewählt ist, daß das Verhältnis, also die bezogene Größe, eine den Stoff (und nicht den zufälligen Körper) kennzeichnende Größe ergibt. Spezifische Drehung und molare Drehung sind solche bezogenen Größen.

1.4.1. Die spezifische Drehung

Die „spezifische Drehung" eines optisch-aktiven *festen* Körpers ist die auf die durchstrahlte Schichtlänge $l = 1$ mm bezogene Drehung (α):

$$(\alpha) = \frac{\alpha}{l}. \tag{5}$$

Als Einheiten gelten für α Winkelgrade, für l Millimeter. Somit wird (α) angegeben in

$$\frac{(^\circ)}{\text{mm}}.$$

Die spezifische Drehung $[\alpha]$ einer optisch-aktiven *Flüssigkeit* (nicht Lösung) von der Dichte d ist

$$[\alpha] = \frac{\alpha}{l \cdot d}. \tag{6}$$

Hierbei gelten als Einheiten: Dezimeter (dm) für l und Gramm/Kubikzentimeter für d. Somit ist die abgeleitete Einheit der spezifischen Drehung einer optisch-aktiven *Flüssigkeit* (nicht Lösung):

$$\frac{(^\circ)}{\text{dm} \cdot (\text{g} \cdot \text{cm}^{-3})}.$$

Die spezifische Drehung $[\alpha]$ der *Lösung* einer optisch-aktiven Substanz in einem inaktiven Lösungsmittel, wobei c Gramm in 100 ml Lösung gelöst sind, ist

$$[\alpha] = \frac{100\alpha}{l \cdot c}. \tag{7}$$

Hierbei gelten als Einheiten: Dezimeter für l, Gramm für c, ml für 100. Somit ist die abgeleitete Einheit der spezifischen Drehung einer *optisch-aktiven Lösung:*

$$\frac{\text{ml} \cdot (^\circ)}{\text{dm} \cdot \text{g}}.$$

Wenn die Konzentration nicht in

> „c Gramm gelöster optisch-aktiver Substanz in 100 Milliliter Lösung“

angegeben wird, sondern in

> „p Gramm gelöster optisch-aktiver Substanz in 100 *Gramm* Lösung“,

so gilt

$$[\alpha] = \frac{100\alpha}{l \cdot p \cdot d_S}, \tag{8}$$

wobei d_S die Dichte der Lösung ist. Die abgeleitete Einheit ist hierbei also

$$\frac{\text{g} \cdot (^\circ)}{\text{dm} \cdot \text{g} \cdot (\text{g} \cdot \text{cm}^{-3})}.$$

Die Einheiten der spezifischen Drehungen sind also nicht einfach Winkelgrade! Um die komplizierten abgeleiteten Einheiten nicht immer anzugeben, werden in dem vorliegenden Buch spezifische Drehungen ganz ohne Einheitenbezeichnungen mitgeteilt, wobei nun nicht geglaubt werden darf, daß es sich um Verhältnisgrößen handelt. Verhältnisgrößen wären durch das Verhältnis zweier Größen gleicher Art definiert, wie z.B. die Brechungszahl einer Substanz, die als Verhältnis der Lichtgeschwindigkeiten im Vakuum und in der Substanz definiert ist.

1.4.2. Die molare (molekulare) Drehung

Als molare Drehung $[m]$ bezeichnet man die mit dem hundertsten Teil der molaren Masse M multiplizierte spezifische Drehung.
Zur Vermeidung unbequem großer Zahlen für $[m]$ ist es üblich, den hundertsten Teil von M zu nehmen.
Als Definitionsgleichung für die molare Drehung gilt somit

$$[m] = \frac{M}{100} \cdot [\alpha]. \tag{9}$$

Die molare Drehung findet bei stöchiometrischen Vergleichen Anwendung. Die molare Drehung ergibt sich formal als Drehung einer Lösung mit der Konzentration 1 mol · l^{-1} bei 1 m Schichtlänge.

1.4.3. Abhängigkeiten der spezifischen Drehung

Die spezifische Drehung ist eine den Stoff unter gegebenen Bedingungen kennzeichnende Größe. Wenn sich die Bedingungen ändern, nimmt die spezifische Drehung andere Zahlenwerte an.
Die Bedingungen beziehen sich auf

Temperatur,
Konzentration,
Lösungsmittel,
Wellenlänge des Lichts,
Zeit.

Darüber sind daher Angaben zu machen.

1.4.3.1. Die Temperaturabhängigkeit der spezifischen Drehung

Die spezifische Drehung ändert sich durch Temperatureinflüsse auf zwischenmolekulare Kräfte, molekulare Assoziation, u. a.
Beispielsweise gilt im gelben Natriumlicht für

Saccharose in wäßriger Lösung $[\alpha]^{20°} = +66{,}52$, $c = 26$ g:

$$[\alpha]^{t°} = [\alpha]^{20°} \cdot [1 - 184 \cdot 10^{-6} \cdot (t - 20) + 63 \cdot 10^{-7} (t - 20)^2], \tag{10}$$

Nicotin $[\alpha]^{20°} = -169{,}3$:

$$[\alpha]^{t°} = [\alpha]^{20°} \cdot [1 + 313 \cdot 10^{-6} \cdot (t - 20)], \tag{11}$$

Quarz $(\alpha)^{20°} = 21{,}724$ (+ bei d-Quarz, — bei l-Quarz):

$$(\alpha)^{t°} = (\alpha)^{20°} \cdot [1 + 136{,}668 \cdot 10^{-6}(t - 20) + 1{,}003 \cdot 10^{-7}(t - 20)^2]. \tag{12}$$

Nach BÜNNAGEL und HAHNE [35] gilt bei beliebigen Wellenlängen λ (in μm) im sichtbaren Spektralbereich für Quarz:

$$(\alpha)_\lambda^{t°} = (\alpha)_\lambda^{20°} \cdot [1 + (c_{1_\lambda} - 7{,}104 \cdot 10^{-6}) \cdot (t - 20) + + 1{,}003 \cdot 10^{-7}(t - 20)^2] \tag{13}$$

mit

$$c_{1_\lambda} = 1{,}48555 \cdot 10^{-4} - \frac{9{,}179 \cdot 10^{-6}}{\lambda} + \frac{3{,}747 \cdot 10^{-6}}{\lambda^2}. \tag{14}$$

Besonders starke Temperaturabhängigkeit zeigt z.B. die Weinsäure, bei der der Koeffizient zu $(t - 20)$ größer als 0,01 ist.
Beim Polarimetrieren von Lösungen bedarf es dann keiner Temperaturkorrektion, wenn man die Lösung bei 20° C ansetzt, in die Polarimeterröhre einfüllt und als solche eine Thermostatenröhre bei 20° C benutzt. Wenn die Temperatur jedoch von 20° C abweicht, ist eine Temperaturkorrektion erforderlich (siehe S. 51).

1.4.3.2. Die Konzentrationsabhängigkeit der spezifischen Drehung

Schon BIOT [27] fand, daß in sehr verdünnten Lösungen (Konzentration c g/100 ml)

$$\frac{\alpha}{l} = A \cdot c + B \cdot c^2$$

sei, somit nach dem Biotschen Gesetz (44)

$$[\alpha] = 100\,A + 100\,Bc. \tag{15}$$

Bei höheren Konzentrationen müssen noch Glieder höherer Ordnung berücksichtigt werden. So gilt in gelbem Na-Licht für

Saccharose in wäßriger Lösung:

$$[\alpha]^{20°} = 66{,}53 + 870 \cdot 10^{-5} \cdot c - 235 \cdot 10^{-6} \cdot c^2, \tag{16}$$

Invertzucker in H_2O ($c = 9 \ldots 35$ g/100 ml):

$$[\alpha]^{20°} = -19{,}7 - 3600 \cdot 10^{-5} \cdot c, \tag{17}$$

Cinchonidin in Äthylalkohol (97 Vol-%), $c = 1 \ldots 5$ g/ ml:

$$[\alpha]^{15°} = -107{,}5 + 29700 \cdot 10^{-5} \cdot c. \tag{18}$$

Den Grenzwert $\lim\limits_{c \to 0} [\alpha]$ nannte BIOT *wahre* spezifische Drehung, weil sie von zwischenmolekularen Wirkungen frei ist.
Die Extrapolation in umgekehrter Richtung bis zum Grenzwert der reinen optisch-aktiven Substanz hin ermöglicht es, die spezifische Drehung fester

Stoffe zu ermitteln, die nicht in genügend großen Stücken erhältlich oder nicht genügend transparent für die direkte Drehungsmessung sind.

1.4.3.3. Die Abhängigkeit der spezifischen Drehung vom Lösungsmittel

Als Beispiel sei aus LANDOLT [16] Tabelle 2 angeführt:

Tabelle 2: Spezifische Drehung $[\alpha]$ von Diacetylweinsäure-Di-*n*-Propylester ($\lambda = 589{,}3$ nm, $c = 5 \cdots 6$ g/100 cm³) in verschiedenen Lösungsmitteln

Lösungsmittel	spezif. Drehung
Schwefelkohlenstoff	+ 36,7
Methylalkohol	+ 12,1
Aceton	+ 10,4
Äthylalkohol	+ 9,6
Methylenchlorid	+ 5,7
Methyljodid	+ 4,7
Tetrachlorkohlenstoff	+ 3,8
Benzol	+ 1,2
Chloroform	+ 1,2
Bromoform	— 2,6

Die reine Substanz hat $[\alpha] = +13{,}3°$. Durch das Lösungsmittel wird also $[\alpha]$ teils erhöht, teils erniedrigt. Ja es kann sogar das Vorzeichen verändert werden.

Diese Veränderlichkeit wird verursacht durch molekulare Wechselwirkungen, insbesondere zwischen Lösungsmittel und gelöster Substanz, aber auch durch das Verhältnis ihrer Brechungsindizes.

Bei steigender Konzentration erhält man (allerdings nicht ausnahmslos) denselben Wert, gleichgültig, welches inaktive Verdünnungsmittel vorliegt. Tabelle 3 gibt dafür ein Beispiel.

Tabelle 3: Grenzwerte der spezifischen Drehung $[\alpha]$ von *l*-Terpentinöl ($\lambda = 589{,}3$ nm) in verschiedenen Verdünnungsmitteln nach LANDOLT [16].

Verdünnungsmittel	$\lim [\alpha]$ c steigend	$\lim [\alpha]$ $c \to 0$
Alkohol	—36,97	—38,78
Benzol	—36,97	—39,79
Essigsäure	—36,89	—40,71
in reiner Form	—37,01	

Die Unterschiede in $\lim\limits_{c\ \text{steigend}} [\alpha]$ sind so klein, daß sie auf Meßfehler zurückgeführt werden können. Die Kurven für $[\alpha]$ bei zunehmender Verdünnung mit verschiedenen Verdünnungsmitteln gehen vom Wert $\lim\limits_{c\ \text{steigend}} [\alpha]$ nach $\lim\limits_{c \to 0} [\alpha]$ hin strahlenförmig (aber nicht geradlinig) auseinander. Die Abhängigkeit der spezifischen Drehung einer gelösten optisch aktiven Substanz vom Lösungsmittel und von der Konzentration ist von Substanz zu Substanz außerordentlich unterschiedlich.

1.4.3.4. Die Wellenlängenabhängigkeit der spezifischen Drehung

1.4.3.4.1. Optische Rotationsdispersion (ORD) (vgl. S. 4)

Die ORD gibt man für die spezifische oder für die molare Drehung zahlen- oder kurvenmäßig an. In Tabelle 4 ist sie für Quarz nach neuesten Ergebnissen von Bünnagel und Oehring [36] dargestellt. Die Dispersionsformel der ORD von Quarz findet sich in Gleichung (20) auf S. 16.

Tabelle 4: Optische Rotationsdispersion von Quarz nach den Messungen und Berechnungen von Bünnagel und Oehring [36].

Wellenlänge nm	spezifische Drehung bei 20° C
644,0251	18,02238
589,4400	21,72445 (berechnet)
546,2271	25,53532
480,1253	33,67408
435,9562	41,54553
407,8989	48,11210

Die ORD wurde, obwohl sie seit mehr als 100 Jahren bekannt ist, erst seit 1953 mit der fortschreitenden Entwicklung photoelektrischer Spektralpolarimeter für die organische Chemie zunehmend interessant, und zwar bei Forschungen über die molekularen Strukturen. Als führend tat sich hier ein Arbeitskreis um C. Djerassi [6] hervor. Er brachte eine Systematik in die Theorie der ORD, die den Anforderungen in der organischen Chemie besser entspricht als frühere, mehr mathematische Schemata. Wir folgen daher der Nomenklatur von Djerassi. Hiernach sind drei Haupttypen von ORD zu unterscheiden, die in den Kurven $[\alpha]$ gegen λ erkennbar sind. Jede Kurvenart existiert in zwei spiegelbildlichen (antipodischen und enantiomerischen) Formen.

1.4.3.4.2. Kurven normaler und anomaler ORD

Flache Kurven der optischen Rotationsdispersion

Es handelt sich hier um die ORD von Verbindungen, deren Spektrum im Untersuchungsbereich keine optisch aktiven Absorptionsbanden (vgl. S. 4) hat. Die flachen Kurven können im Bereich positiver $[\alpha]$ oder negativer $[\alpha]$ verlaufen, sie können aber auch bei einer bestimmten Wellenlänge die Achse $[\alpha] = 0$ schneiden, d. h. das Vorzeichen wechseln, schließlich können sie auch ein sehr breites Maximum oder Minimum haben, das nicht auf Cotton-Effekt beruht. „Positive“ („negative“)

flache Kurven steigen (fallen) nach kürzeren Wellenlängen hin. Die ORD von Rechtsquarz (Abb. 8) stellt sich in einer positiven flachen Kurve dar, die von Linksquarz in einer negativen flachen Kurve.

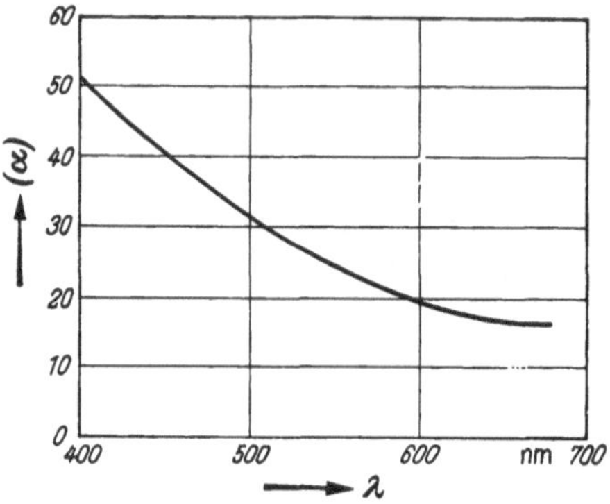

Abb. 8: Optische Rotationsdispersion von d-Quarz

Einfache Cotton-Effekt-Kurven der optischen Rotationsdispersion

Hier handelt es sich um einen Typus anomaler Rotationsdispersion (vgl. S. 4). Die Kurve der ORD besitzt ein einziges Maximum und ein einziges Minimum (Abb. 9). Da aber die Stelle des Maximums dieser Kurve

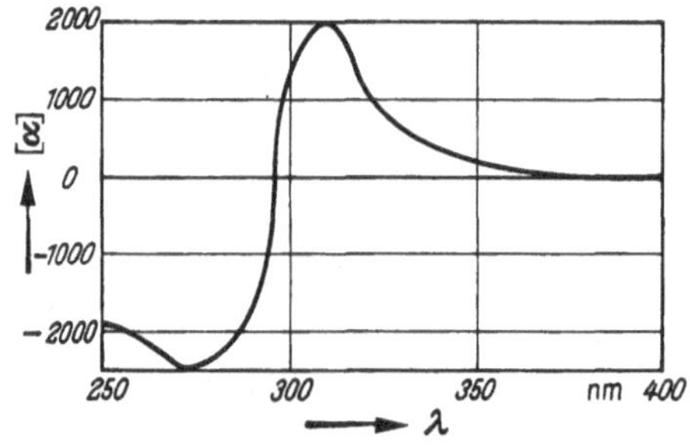

Abb. 9: Anomale optische Rotationsdispersion zwischen $\lambda = 270$ nm und $\lambda = 308$ nm von Campher-β-sulfonsäure in H_2O, $c = 0{,}047$ bis 11,85 g/100 ml

nicht mit der Stelle des Maximums der optisch aktiven Absorption zusammenfällt, empfiehlt Djerassi, bei der Rotationsdispersion nur von „*Gipfel*" und „*Tal*" zu sprechen.

Bei positiver (negativer) Cotton-Effekt-Kurve liegt der Gipfel, lagebezogen zum Tal, bei der größeren (kleineren) Wellenlänge. Dabei kommt es auf das Vorzeichen von $[\alpha]$ nicht an. Der Höhenunterschied zwischen Gipfel und Tal wird *Amplitude* der Kurve genannt, der horizontale Abstand des Gipfels vom Tal heißt *Breite* der Cotton-Effekt-Kurve.

Vielfache Cotton-Effekt-Kurven der optischen Rotationsdispersion

Solche Kurven besitzen mehrere Gipfel und Täler, weil es im Spektrum mehrere optisch aktive Absorptionsbanden gibt. Dabei treten häufig Überlappungen spektral benachbarter Cotton-Effekte auf, wodurch die Kurve stellenweise Schultern und Wendepunkte bekommt (vgl. Abb. 60).

Beispiele aus der organischen Chemie

In diesen Beispielen wird statt der spezifischen Drehung die für die Strukturchemie geeignetere molare Drehung $[m]$ nach (9) benutzt. Hierfür wird der hundertste Teil der Amplitude zwischen Gipfel und Tal als *molekulare Amplitude* bezeichnet. Diese ist für eine chemische Bindung charakteristisch und hat Beziehung zur Elliptizität bei Zirkulardichroismus, wobei sich für die letztere die sogenannte *molekulare Elliptizität* $[\Theta]$ eingeführt hat, die definiert ist als

$$[\Theta] = 3300 \cdot \Delta\varepsilon$$

mit $\Delta\varepsilon = \varepsilon_L - \varepsilon_R$ (ε = molekulare Extinktionskonstante).

Tabelle 5: Flache Kurve der ORD von 5α-Cholestan-3β-ol in Dioxan (c = 1,0 g/100 ml; t = 23° C)

Wellenlänge in nm	700	589	290
molare Drehung	+ 66	+ 92	+ 520

Tabelle 6: Einfache Cotton-Effekt-Kurve der ORD von 5α-Cholestan-3-on in Methanol (c = 0,1 g/100 ml, t = 29 . . . 30° C)

Wellenlänge in nm	700	589	307	267	245
molare Drehung	+ 143	+ 210	+ 3700 Gipfel	—2850 Tal	—1400

Tabelle 7: Vielfache Cotton-Effekt-Kurve der ORD von Cholest-4-en-3-on in Dioxan (c = 0,10/100 ml)

Wellenlänge in nm	700	589	425 . . . 410	366
molare Drehung	+ 204	+ 270	+ 560 breiter Gipfel	—357 Tal
Wellenlänge in nm	359	352	340 . . . 337	
molare Drehung	—196 Gipfel	—630 Tal	+ 1020 Schultern	
Wellenlänge in nm	325	311	275	
molare Drehung	+ 3840 Wendepunkt	+ 5670 Wendepunkt	+ 8050	

Die Beispiele zeigen bereits, daß die Stellen anomaler ORD im allgemeinen im Ultraviolett liegen.

1.4.3.4.3. Drudesche Gleichungen

Die *flachen* Kurven der ORD lassen sich in begrenzten Spektralbereichen durch Interpolationsformeln, die sogenannten Drudeschen Gleichungen, darstellen. Sie haben die Form

$$[\alpha] \text{ bzw. } (\alpha) \text{ bzw. } [m] = \frac{k_1}{\lambda^2 - \lambda_1^2} + \frac{k_2}{\lambda^2 - \lambda_2^2} + \cdots, \tag{19}$$

wo $k_1, k_2, \ldots, \lambda_1, \lambda_2, \ldots$ Konstanten sind. So lautet z.B. die Drudesche Gleichung für d-Quarz nach der jüngsten besonders genauen Messung und Berechnung mit Computer von BÜNNAGEL und OEHRING [36]

$$(\alpha) = -\frac{0{,}0006475}{\lambda^2} - \frac{2{,}31004}{\lambda^2 - 0{,}00086384} + \frac{9{,}56392}{\lambda^2 - 0{,}0127568} + \frac{3{,}36915}{\lambda^2 - 18{,}614}, \tag{20}$$

wobei λ in µm einzusetzen ist. Die Differenzen zwischen Messungen und Berechnung nach dieser Gleichung betragen im Mittel 0,003.

Häufig sind die folgenden Vereinfachungen erlaubt:

$$[\alpha] \text{ bzw. } (\alpha) \text{ bzw. } [m] = \frac{k_1}{\lambda^2 - \lambda_1^2}, \tag{21}$$

$$[\alpha] \text{ bzw. } (\alpha) \text{ bzw. } [m] = \frac{k_1^*}{\lambda^2 - \lambda^{*2}} - \frac{k_2^*}{\lambda^2} \tag{22}$$

nach LOWRY [1],

$$\frac{1}{[\alpha] \cdot \lambda^2} \text{ bzw. } \frac{1}{(\alpha) \cdot \lambda^2} \text{ bzw. } \frac{1}{[m] \cdot \lambda^2} = \frac{1}{\bar{k}} - \frac{\overline{\lambda^2}}{\bar{k} \cdot \lambda^2}. \tag{23}$$

In diesen Gleichungen wählt man µm als Maßeinheit für λ. Insbesondere ist (23) vorteilhaft, wenn sich im ebenen Koordinatensystem $y = \frac{1}{[\alpha] \cdot \lambda^2}$ gegen $x = \frac{1}{\lambda^2}$ eine genaue oder nahezu gerade Linie der Meßpunkte ergibt, die sich leicht zeichnen läßt. Dann sind graphische Interpolationen einfach.

Wenn die Darstellung der Meßwerte im Koordinatensystem $y = \frac{1}{[\alpha] \cdot \lambda^2}$ gegen $x = \frac{1}{\lambda^2}$ keine genügend gerade Linie bei großen Wellenlängen λ (kleinen x-Werten) liefert, hilft oft die Vereinfachung (22) nach LOWRY. Auch dafür gibt es eine graphische Methode, die nun beschrieben werden soll (Abb. 10). Man wählt als Koordinatensystem $y = [\alpha] \cdot (\lambda^2 - \lambda^{*2})$, $x = \frac{1}{\lambda^2}$ und trägt zunächst die Meßpunkte $y = [\alpha] \cdot \lambda^2$ ein, d.h. mit $\lambda^* = 0$. Dann ergibt sich noch keine gerade Kurve. Nun trägt man beispielsweise $y = [\alpha] \cdot (\lambda^2 - 0{,}050)$ ein, sodann $y = [\alpha] \cdot (\lambda^2 - 0{,}100)$, ferner $y = [\alpha] \cdot (\lambda^2 - 0{,}150)$ usw. Man bekommt so jedesmal eine Kurve.

Die verschiedenen Kurven unterscheiden sich durch ihre Krümmung gegen die x-Achse. Dabei ist ein Übergang von konvexer zu konkaver Krümmung festzustellen. Es ist so nicht schwer, schließlich die zwischen den gezeichneten Kurven liegende geradlinige Kurve zu bestimmen, d. h. den Wert λ^{*2} — der aber keine physikalische Bedeutung hat — durch Einschachtelung zu bestimmen. Sodann ergibt sich

$$k_2^* = \frac{1}{\lambda^{*2}} \cdot \frac{\Delta y}{\Delta x}, \tag{24}$$

$$k_1^* = y_a + \frac{\Delta y}{\Delta x} \cdot \left(\frac{1}{\lambda^{*2}} - \frac{1}{\lambda_a^2}\right) \tag{25}$$

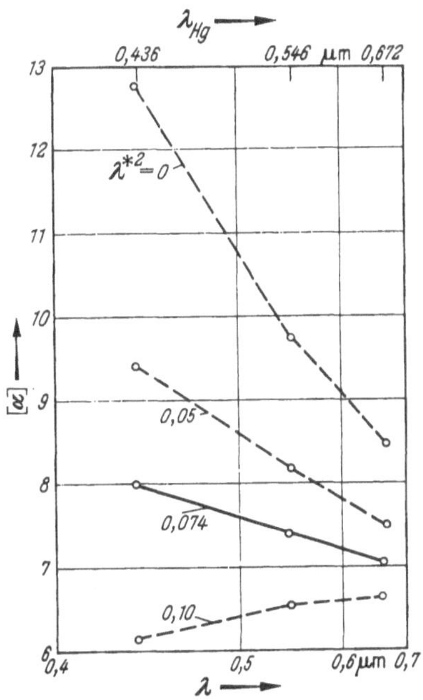

Abb. 10: Graphisches Verfahren zur Bestimmung der Konstanten in Gleichung (22)

Aber auch dieses Verfahren führt nicht zum Ziel, wenn die Lowrysche Vereinfachung (22) nicht zulässig ist. Dann kann zunächst mit der zweigliedrigen Drudeschen Gleichung

$$[\alpha] = \frac{k_1}{\lambda^2 - \lambda_1^2} + \frac{k_2}{\lambda^2 - \lambda_2^2} \tag{26}$$

gearbeitet werden. Häufig ist dies aber gar nicht mehr notwendig, geschweige denn eine Darstellung durch eine dreigliedrige Drudesche Gleichung.

Die Interpolationsgleichungen haben sowieso nur einen Sinn, wenn die Drehwerte für eine kleine Anzahl von diskret verteilten Wellenlängen gemessen werden. Registrierende Spektralpolarimeter zeichnen den Verlauf von α gegen λ kontinuierlich auf und ersparen daher mühselige graphische Konstruktionen und Interpolationen.

Gleichungen für die ORD in der Nähe von Absorptionsbanden lassen sich aufstellen [2], [15], [21], sie haben vorwiegend theoretischen Wert. Ihnen liegt die quantentheoretische Erklärung des Cotton-Effektes zugrunde. Als Beispiel seien die Moffittschen Gleichungen [21] erwähnt.

Die ORD-Kurve einer Mischung von zwei optisch aktiven Bestandteilen in Lösung hat, wenn keine molekularen Wechselwirkungen auftreten, einen gemeinsamen Schnittpunkt mit den beiden ORD-Kurven der einzelnen Bestandteile in Lösung, zwischen denen sie verläuft. Die Anteile, mit denen die beiden Bestandteile in der Lösung vorhanden sind, verhalten sich wie $u : v$ (Abb. 11).

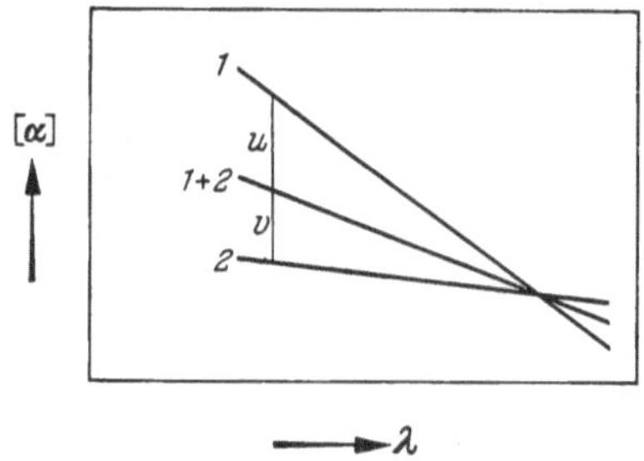

Abb. 11: Die ORD-Kurven zweier Stoffe 1 und 2 und ihrer Mischung 1 + 2

1.4.3.5. Die Zeitabhängigkeit der spezifischen Drehung (Mutarotation)

Frisch hergestellte Lösungen vieler (aber bei weitem nicht aller) optisch aktiven Substanzen ändern ihre spezifische Drehung mit der Zeit bis zu einem Gleichgewichtswert, der erst nach mehreren Minuten bis nach Monaten (Xylonsäure 2 Monate) erreicht wird. Dieses als Mutarotation bezeichnete Verhalten zeigen z.B. gewisse Zuckerarten sowie Oxysäuren und deren Lactone, aber auch andere Substanzen. So ändert z.B. Glucose ihre spezifische Drehung von $[\alpha_A]_{589}^{20°} = +112{,}2$ bis auf $[\alpha_E]_{589}^{20°} = +52{,}7$ innerhalb von etwa 8 Stunden, Mannose von —17,0 auf + 14,2 innerhalb von $2\frac{1}{2}$ Stunden. Sacharose zeigt keine Mutarotation.

Tabelle 8: Mutarotation einiger Zuckerarten in gelbem Na-Licht

Zuckerart	spezifische Drehung		Zeitdauer
	Anfangswert	Endwert	
Glucose	+112,2	+52,7	8 h
Lactose	+ 85,0	+52,6	10 h
Lyxose	— 72,6	—13,8	52 m
Xylose	+ 93,6	+18,8	2,5 h
Rhamnose	— 8,6	+ 8,2	1 h
Fucose	—152,6	—75,9	2,25 h
Mannose	— 17,0	+14,2	2,5 h
Cellobiose	+ 14,2	+34,6	10 h
Gentiobiose	+ 21,4	+ 8,7	3,5 h

Die Mutarotation verläuft entweder monoton oder (bei gewissen Stoffen) in zwei zeitlichen Abschnitten: einem kurzen Abschnitt mit relativ

schneller Veränderung, und einem langen Abschnitt mit relativ langsamer Veränderung. Dazu gehört z.B. Galactose (BATES [1]).
Man muß daher bei polarimetrischen Analysen mutarotierender Substanzen das Einspielen des Gleichgewichtes abwarten.
Insbesondere darf man, wie es bisweilen geschieht, eine frisch angesetzte Glucoselösung bekannter Konzentration nicht dazu benutzen, die Zuverlässigkeit eines Polarimeters zu prüfen.
Ursachen der Mutarotation sind unvollständige Reaktionen unter Aufnahme oder Abgabe von Wasser; ferner chemische Umsetzungen in den Lösungen oder solche durch Zerfall des optisch aktiven Moleküls bzw. durch Umwandlung der aktiven Substanz in verschiedene Isomere mit ungleichem Drehvermögen.
Die starke Mutarotation der Glucose beruht auf einer Isomerisierung, indem sich eine cyclische Form in eine andere umlagert. Eine gealterte Glucoselösung enthält α- und β-Glucose im Gleichgewicht mit der Aldehydform (FIESER [7], HOLLEMAN-RICHTER [11], LOWRY [17] u.a.).
Die Dauer der Mutarotation läßt sich durch Erwärmen oder durch katalytisch wirkende Zusätze abkürzen. Säuren und Basen, insbesondere die letzteren, beschleunigen die Mutarotation enorm, sogar bis zu momentaner Einstellung des Endwertes. Kochsalz verzögert dagegen, ebenso Alkohole. Die Zusätze dürfen natürlich nur in geringsten Mengen angewandt werden. Stärkere Konzentrationen bewirken mit der Zeit zusätzliche Veränderungen der Drehung. So wird von LANDOLT [16] berichtet, daß in einer wäßrigen Glucoselösung ($c = 2{,}25$) nach Zusatz von 0,2 g Natriumhydroxyd auf 100 ml die spezifische Drehung den in Tabelle 9 angegebenen Verlauf über den normalen Endwert hinaus nahm.

Tabelle 9: Mutarotation einer wäßrigen Glucoselösung ($c = 2{,}25$ g) mit Zusatz von 0,2 g Natriumhydroxyd auf 100 ml nach LANDOLT [16].

Zeitablauf	15 m	24 h	48 h	34 d	65 d
spezifische Drehung	+ 52,7 *)	+ 36,7	+ 26,0	+ 15,5	—0,4

*) normaler Endwert

2. Konstruktive Bauteile der Polarimeter (insbesondere Kreispolarimeter)

Als *Polarimeter* bezeichnet man optische Meßgeräte, mit denen die optische Drehung von linear polarisiertem Licht in optisch aktiven Substanzen gemessen wird. Sie enthalten daher grundsätzlich ein als *Polarisator* bezeichnetes Bauelement P (Abb. 12), das aus natürlichem

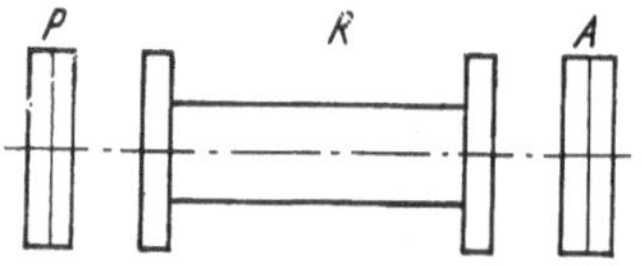

Abb. 12: Grundlegende polarisationsoptische Anordnung in Polarimetern

Licht linear polarisiertes Licht macht. Dieser Vorgang besteht darin, daß von den in den Polarisator einfallenden Schwingungen nur eine bestimmte Linearkomponente durchgelassen wird, jedenfalls stark überwiegend gegenüber der dazu senkrechten Komponente (vgl. den Abschnitt über den Polarisationsgrad auf S. 22). Hinter dem Polarisator befindet sich sodann eine Aufnahmevorrichtung R für die Meßsubstanz. Bei Flüssigkeiten oder Lösungen verwendet man hierfür Küvetten, meist in Röhrenform, mit planparallelen Abschlußfenstern, sogenannte *Polarimeterröhren*.

Zur Ermittlung des Drehwinkels, den die Schwingungsrichtung des linear polarisierten Lichts in der Substanz erfahren hat, bedient man sich eines *Analysators* A, mit dem man die Schwingungsrichtung von linear polarisiertem Licht und daher auch die optische Drehung in einer optisch aktiven Substanz bestimmen kann. Die gegenseitige azimutale Orientierung zwischen Polarisator und Analysator (z.B. auf Auslöschung) ist nämlich infolge der optischen Drehung α um diesen Betrag α verschieden, je nachdem, ob man ohne oder mit Substanz mißt. Die beiden Orientierungen werden z.B. an einem *Teilkreis* abgelesen, der mit dem drehbaren Element (entweder Polarisator oder Analysator) verbunden ist. Die Differenz der beiden Ablesungen ist gleich dem Drehwinkel α.

Bei modernen Polarimetern ist die *Lichtquelle* meist ein- oder angebaut; sie gehört zum Gerät.

Diese eben aufgezählten Bauelemente werden nachstehend besprochen. Anschließend wird dann noch auf prinzipielle Fragen der *Strahlenführung* eingegangen, die durch Linsen und Blenden erfolgt.

2.1. Polarisatoren

Konstruktiv gibt es vorzugsweise zwei Möglichkeiten:

a) Polarisatoren meistens aus Kalkspat (oder einem anderen doppelbrechenden Kristall),

b) Polarisatoren aus dichroitischen Folien, den sogenannten Polarisationsfiltern.

Beide finden Verwendung, wobei allerdings gleich gesagt werden möge, daß optisch brauchbarer Kalkspat so rar und daher teuer geworden ist, daß er nur dort angewandt wird, wo er nicht entbehrt werden kann. Im allgemeinen stellen die dichroitischen Folien nicht nur einen ausreichenden Ersatz dar, sie haben vor Kalkspatpolarisatoren in mancher Hinsicht sogar erhebliche Vorzüge, nicht nur preislich, sondern auch funktionell.

2.1.1. Kalkspatpolarisatoren

Die landläufig als Nicols bezeichneten Polarisatoren für Polarimeter sind im allgemeinen entweder sogenannte *Glan-Thompson-Prismen* (Abb. 13) oder *Glan-Prismen* (Abb. 14); die letzteren werden für

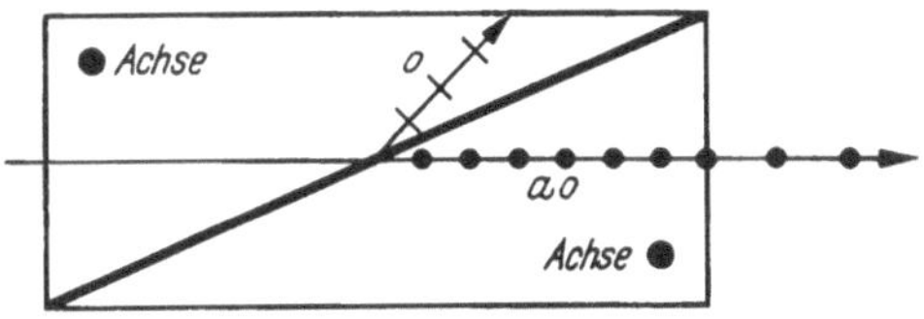

Abb. 13: Glan-Thompson-Prisma

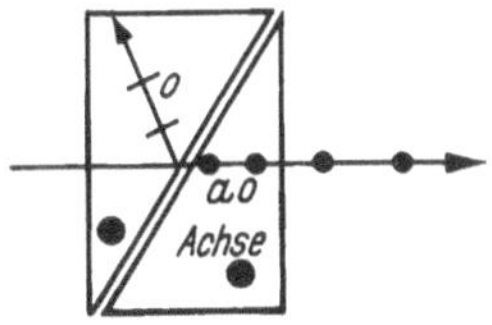

Abb. 14: Glan-Prisma

die Polarimetrie im ultravioletten Spektralbereich (400 bis 215 nm) benötigt, die ersteren würden das Ultraviolett in der Kittfläche absorbieren (siehe Bouriau und Lenoble [28]). Im Gegensatz zur Urform des Nicolschen Prismas haben die beiden oben genannten Prismen nicht nur zum Lichtdurchgang senkrechte Flächen, sondern auch überall im Querschnitt gleiche Schwingungsrichtung. Einfallendes natürliches Licht pflanzt sich im Kalkspat infolge der Doppelbrechung in einem *ordentlichen* und *außerordentlichen* Strahl fort; das ordentliche Licht schwingt parallel zur Zeichenebene, es wird an der diagonalen Zwischenschicht (bei Glan-Thompson eingedicktes Leinöl, bei Glan Luft) total nach der Seite reflektiert und verliert sich in der schwarzen Randlackierung. Das außerordentliche Licht schwingt senkrecht zur Zeichenebene und durchdringt das zweite Teilprisma, so daß es als linear polarisiertes Licht zur Verfügung steht. Der Durchlaßgrad beträgt etwa 40 % des einfallenden Lichts. Kalkspat ist ein außerordentlich weiches Material (Härtegrad 3 nach Mohs, gegenüber etwa 6 für Glas), daher kratzempfindlich, so daß er nur mit feiner sauberer Watte geputzt werden darf. Bei Polarimetern, die möglichst weit im UV anwendbar sein sollen, wie z.B. bei Spektralpolarimetern, verwendet man bevorzugt *Rochon-Prismen* z.B. aus Quarz, dessen Absorptionsgrenze bei 185 nm liegt, während diese für Kalkspat schon bei 210 nm gezogen ist. Die Rochon-Prismen lenken den außerordentlichen Strahl ab, jedoch nur wenig. Er wird hinter dem Prisma blockiert. Neuerdings benutzt man auch Prismen aus Ammoniumdihydrogenphosphat in einer Cyclohexan-Immersion (vgl. S. 91).

2.1.2. Polarisationsfilter

Hierbei handelt es sich um die schon erwähnten linear dichroitischen Folien, die es in verschiedenen Ausführungsformen gibt. Betreffs des linearen Dichroismus sei auf S. 4 hingewiesen. Für die Polarimeter sind nur Polarisationsfilter mit besonders hohem Polarisationsgrad verwendbar. Die preisgünstige Herstellung begann in den 30er Jahren an verschiedenen Stellen des In- und Auslandes (Zeiss-Ikon, Carl Zeiss, E. Käsemann, Polaroid Corporation), sie hat sich bei den genannten Firmen inzwischen noch wesentlich vervollkommnet. Die Polarisationsfilter enthalten eine beispielsweise auf der Basis von Polyvinylalkohol entwickelte, für den sichtbaren Spektralbereich mit Jod dichroitisch eingefärbte und gestreckte Polarisationsfolie. Durch das Strecken werden die dichroitischen Polyvinylalkohol-Jod-Molekülketten parallel gerichtet.

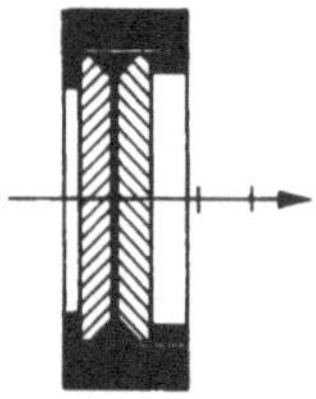

Abb. 15: Polarisationsfilter

Zwischen Glasdeckplatten eingekittet, wird die Folie in mechanischen Fassungen gehalten (Abb. 15). Ihr Durchlaßgrad beträgt 30—40 % im sichtbaren Spektralbereich, nur in diesem Bereich polarisiert sie linear.

2.1.3. Polarisationsgrad

Mehr als der Lichtdurchlaßgrad interessiert der Polarisationsgrad

$$P = 100 \cdot (1 - p)\,\% \tag{27}$$

mit $p = \frac{D_+}{D_\parallel}$, wobei D_+, $D_\parallel$ die Durchlässigkeit zweier gleicher Filter für unpolarisiertes Licht in gekreuzter bzw. paralleler Stellung ihrer Schwingungsrichtungen bedeuten.

Bei Glan-Thompson-Prismen ist $p = 12$ bis $14 \cdot 10^{-6}$, bei leistungsfähigen Polarisationsfiltern 4 bis $5 \cdot 10^{-6}$, somit ist der Polarisationsgrad P solcher

Polarisationsfilter merklich besser als derjenige von Glan-Thompson-Prismen! Hiermit dürften Vorurteile gegen Polarisationsfilter (gewöhnliche Photo-Polarisationsfilter ausgeschlossen) ausgeräumt sein; sie sind durchaus kein Notbehelf, um die Verknappung an Kalkspat zu überbrücken. Darauf, daß sie gegen übermäßige Erwärmung und unvorsichtiges Umgehen mit Säuredämpfen anfälliger sind als Kalkspatpolarisatoren, läßt sich beim Betrieb des Gerätes Rücksicht nehmen; im Schadensfalle schlägt der Ersatz durch ein neues Polarisationsfilter preislich kaum ins Gewicht, wenn man bedenkt, daß Kalkspatpolarisatoren mindestens 10mal soviel kosten.

2.2. Analysatoren

Diese Bauelemente sind von gleicher Art wie die Polarisatoren. Der Analysator läßt auch nur Licht in einer bestimmten Schwingungsebene austreten. Ist der einem Polarisator nachgeordnete Analysator azimutal unter 0° oder 180°, d.h. parallel zum Polarisator, orientiert, so beträgt nach HAASE [57] der Durchlaßgrad 43 % bei Glan-Thompson-Prismen, 15 bis 20 % bei Polarisationsfiltern. In gekreuzter Stellung (Azimutalwinkeln 90° oder 270°) läßt der Analysator — und darauf kommt es wesentlich an — fast kein Licht hindurch („*Fehldurchlässigkeit*" 4 bis $10 \cdot 10^{-4}$ % bei Glan-Thompson-Prismen, nur 7,5 bis $15 \cdot 10^{-5}$ % bei Polarisationsfiltern). Bei beliebigem Azimutalwinkel ψ zwischen Polarisator und Analysator ist die Transparenz T der Kombination

$$T \sim \cos^2 \psi . \tag{28}$$

Ändert man durch azimutales Drehen des Analysators (oder des Polarisators) den Winkel ψ von 0° bis 360°, so gibt es in allmählichem Übergang bei $\psi = 0°$, 180° und 360° größte Helligkeit, bei $\psi = 90°$ und 270° größte Dunkelheit (Abb. 16).

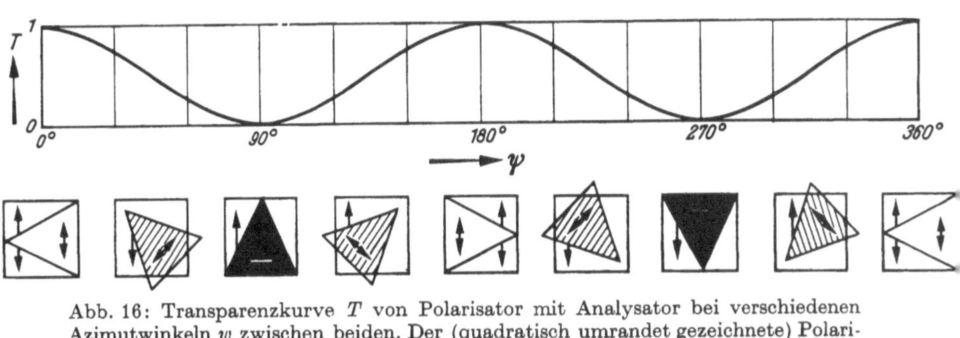

Abb. 16: Transparenzkurve T von Polarisator mit Analysator bei verschiedenen Azimutwinkeln ψ zwischen beiden. Der (quadratisch umrandet gezeichnete) Polarisator steht fest, der (dreieckig gezeichnete) Analysator ist in den Azimuten 0°, 45°, 90° . . . 360° dargestellt. Die Pfeile geben die Richtungen der größten Durchlässigkeit von Polarisator und Analysator an

Wenn sich zwischen Polarisator und Analysator eine optisch aktive Substanz befindet, die die optische Drehung α hat, so besteht z.B. größte Dunkelheit nicht mehr bei $\psi = 90°$ und $270°$, sondern bei $\psi = 90° + \alpha$ und $270° + \alpha$. Da man ψ am Teilkreis mißt, läßt sich α einfach ableiten. Manchmal besteht zunächst Unsicherheit darüber, ob der Winkel α oder der Winkel $\alpha \pm 180°$ der richtige ist. Dann wiederholt man die Messung mit halb so großer Schichtlänge.

2.3. Teilungen

Es ist theoretisch belanglos, ob die azimutale Eindrehung (auf Auslöschung) mit dem Analysator oder dem Polarisator bewerkstelligt wird. Handelsübliche Polarimeter bedienen sich entweder der einen oder der anderen Methode. Das azimutal drehbare Polarisations-Element sei mit einem Teilkreis verbunden, der die Drehung mitmacht. Der Teilkreis ist von 0° bis 360° geteilt. Bei geringeren Ansprüchen an Meßgenauigkeit ist das kleinste Intervall 1°, bei höheren Ansprüchen 0,5° oder 0,2°. Bruchteile davon werden mit Nonien oder Mikrometerteilungen abgelesen. Wenn die Ablesemöglichkeit feiner als 0,05° sein soll, sind zwei diametral gegenüberstehende Ablesungen vorhanden; an beiden muß auch abgelesen werden(!), um etwaige Exzentrizitätsfehler zwischen Kreismitte und Drehachse durch Mittelbildung zu eliminieren. Bei guten Polarimetern sind die Kreisteilungen und Nonius- bzw. Mikrometerteilungen auf Glasträgern aufgebracht. Trommelablesungen an einer Mikrometerschraube sind unzweckmäßig, weil Schraubenfehler eingehen können.

Wenn das Ablesefeld oder die beiden Ablesefelder im gleichen Okular wie das polarimetrische Einstellfeld erscheinen, „*Innenablesung*" (Abb. 17), so ist das überaus angenehm; nur darf sich die Meßperson nicht dazu verleiten lassen, letztlich den Blick auf die Skala zu lenken und einen gewünschten Wert einzustellen.

In der Zuckerindustrie werden Teilungen nicht nach Winkelgraden 0° bis 360° benutzt, sondern eine Spezialteilung nach °S (Grad Sugar). Diese international übliche Zuckerteilung hat ihren Hundertpunkt (100° S) bei 34,615° ± 0,001° für $\lambda = 0{,}5894400\ \mu m$ bzw. 40,764° ± 0,001° für $\lambda = 0{,}5462271\ \mu m$. Hierauf wird in späteren Kapiteln eingegangen (siehe S. 119ff.).

Spezialpolarimeter können auch beliebig andere Teilungen haben, z.B. nach Prozentgehalt einer in Lösung befindlichen optisch aktiven Substanz. Ein Beispiel dafür ist das weiter unten besprochene Prozentpolarimeter von Carl Zeiss für die Harnzuckerbestimmung (Abb. 31).

Das azimutale Drehen des Analysators oder des Polarisators wird bei einigen Polarimetern durch ein Kompensationsverfahren ersetzt. Dann stehen Polarisator und Analysator unverändert fest (bei visuellen Polarimetern im Winkel $\psi = 90°$), und die Drehung der Meßsubstanz wird durch einen Kompensator zwischen Meßsubstanz und Analysator bzw. Polarisator aufgehoben. Auch darüber wird später zu berichten sein (z.B. Quarzkeil-Saccharimeter).

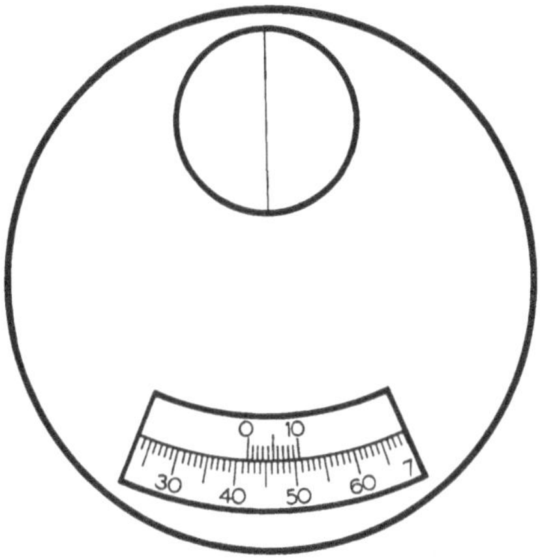

Abb. 17: Gesichtsfeld eines Polarimeters mit Einstellfeld und Ablesefeld bei Innenablesung. Ablesewert 41,6°

2.4. Lichtquellen, Lichtfilter und Monochromatoren

Wegen der erheblichen spektralen Dispersion der optischen Drehung kann nur in einfarbigem Licht polarimetriert werden. Der Monochromasiegrad kann in der Präzisionspolarimetrie kaum hoch genug sein (ausgenommen bei Quarzkeil-Saccharimetern). Glühlampen mit *Farbgläsern* (z.B. Schott VG 14 in Abb. 18) genügen nur für geringste Ansprüche an Meßgenauigkeit, in der Präzisionspolarimetrie sind selbst *Interferenzfilter* (Schott IL, DIL, AL, DAL) mit Glühlampen nicht genügend monochromatisch.

Verwendet man Glühlampen (oder Hochdruckentladungslampen) zusammen mit einem *Monochromator*, so kommt es auf hohe Dispersion und Falschlichtfreiheit desselben an. Einfachmonochromatoren haben Falschlichtanteile von 10^{-2} bis 10^{-3}, was für die Präzisionspolarimetrie zu viel ist. Hierfür sind allenfalls Doppelmonochromatoren angängig, deren Falschlichtanteile 10^{-4} bis 10^{-6} betragen. Dennoch kann es auch mit solchen unter Umständen zu Fehlmessungen kommen, wenn das Falschlicht, in dem der Drehwinkel ja ein anderer ist als im Meßlicht, von der gleichen Größenordnung ist wie das Meßlicht, wie z.B. bei Polarimetrie im Absorptionsmaximum des Cotton-Effektes.

Wesentlich vorteilhafter sind *Entladungslampen*, die einzelne Spektrallinien liefern. Die Na-*Spektrallampe* sendet die gelbe Resonanzdoppellinie 589,0 und 589,6 nm aus, ist also auch nicht streng monochromatisch, aber in vielen Fällen ausreichend. Einige Linien der Nebenserien im

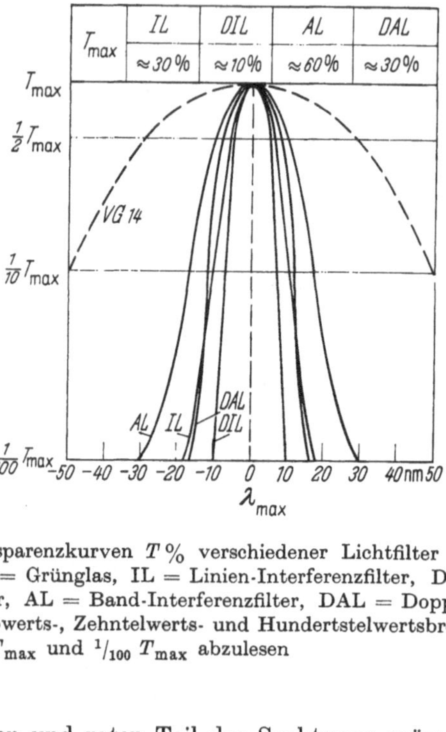

Abb. 18: Transparenzkurven T % verschiedener Lichtfilter von Schott & Gen., Mainz. VG 14 = Grünglas, IL = Linien-Interferenzfilter, DIL = Doppel-Linien-Interferenzfilter, AL = Band-Interferenzfilter, DAL = Doppel-Band-Interferenzfilter. Die Halbwerts-, Zehntelwerts- und Hundertstelwertsbreiten in nm sind bei $^1/_2\, T_{max}$, $^1/_{10}\, T_{max}$ und $^1/_{100}\, T_{max}$ abzulesen

blauen, grünen und roten Teil des Spektrums müssen allerdings auch durch ein Lichtfilter absorbiert werden, am zweckmäßigsten durch ein *Doppelbandinterferenzfilter*. Nach spektraler Reinigung liegt der Schwerpunkt der Na-Lampe bei 589,4400 nm. Ebenso müssen aus dem mehrlinigen Spektrum anderer Entladungslampen die jeweiligen Meßlinien durch Filterung isoliert werden (Abb. 19). *Quecksilberlampen* (Hg) senden die folgenden polarimetrisch gut brauchbaren Linien (in nm) aus:

365,0	404,7	433,7	546,1	576,9
365,5	407,8	434,8		579,1
366,3	410,8	435,8		

Durch die Unterstreichungen sind die intensiveren Linien hervorgehoben. Mit entsprechenden Doppelband-Interferenzfiltern lassen sich die folgen Schwerpunktswellenlängen isolieren:

365,4 405,1 435,7 546,1 577,9

Diese Schwerpunktswellenlängen gelten für die Drehung von Quarz. Mit anderen optisch aktiven Substanzen ergeben sich ein wenig abweichende Wellenlängen, denn die unterschiedlichen Rotationsdispersionen der verschiedenen Meßsubstanzen sind von Einfluß, da die spezifische Drehung nicht linear wellenlängenabhängig ist.

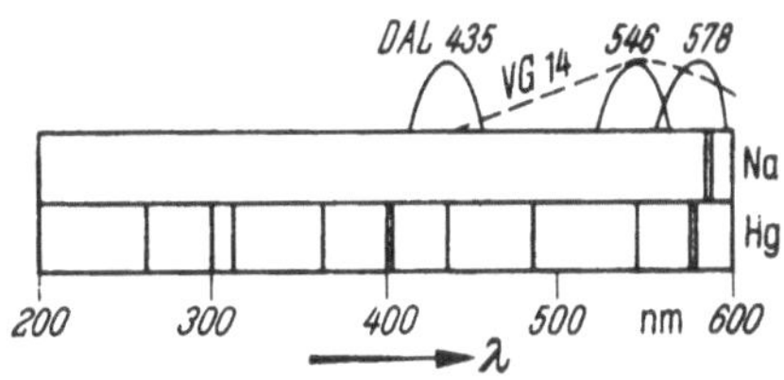

Abb. 19: Linienspektren einer Na- und einer Hg-Entladungslampe mit darübergezeichneten Transparenzbereichen verschiedener Lichtfilter zur Aussonderung einzelner Linien.

Bünnagel und Oehring [36] bestimmten optische Schwerpunkte bis auf ±0,003 Å durch Messung der Drehwinkel an einem Quarz, dessen Rotationsdispersion genügend genau bekannt und durch eine Dispersionsformel (vgl. Gleichung (20) auf S. 16) dargestellt war. Allerdings dürfen die Hg-Brenner keine Höchstdruckbrenner sein, die bekanntlich einen kontinuierlichen spektralen Untergrund aufweisen.

Einige Spektrallampen haben eine relativ kleine Leuchtfläche, so daß es einer Streuscheibe bedarf, die natürlich einen Lichtverlust bedingt. Die Na-Lampe hat ein genügend großes Leuchtfeld, aber nicht sehr hohe Leuchtdichte. Da man in Polarimetern stets in der azimutalen Einstellung auf größte Dunkelheit arbeiten muß, was auf S. 39 begründet wird, ist hohe Leuchtdichte wünschenswert.

In der Ultraviolett-Polarimetrie wird eine *Xenonlampe* mit einem Doppelmonochromator verwendet.

Auch *Laser* können als Lichtquellen für die Polarimetrie von Nutzen sein. Das Wort Laser ist die international gebräuchliche Abkürzung für den amerikanischen Ausdruck „light amplification by stimulated emission of radiation". Es handelt sich hierbei um eine hochbedeutsame Neuerung der Lichttechnik, deren physikalische Grundlagen schon von Einstein aus dem Anfang des 20. Jahrhunderts stammen, aber erst nach umfangreichen theoretischen und experimentellen Vorarbeiten zur technischen Verwirklichung führten, und zwar 1953 und 1954 durch die Amerikaner Weber und Townes sowie die Russen Basov und

Prokhorov für die Emission von Mikrowellen (Maser), 1960 durch den Amerikaner Maiman auch für die Emission von Lichtwellen (Laser). Die Strahlnng der Laser ist wesentlich monochromatischer als die aller anderen Lichtquellen. Die Bandbreite des He-Ne-Gas-Laser beträgt nur $3 \cdot 10^4$ Hz ($d\lambda/\lambda = 6 \cdot 10^{-11}$) gegenüber 10^7 Hz ($d\lambda/\lambda = 2 \cdot 10^{-8}$) bei der Quecksilber-Isotopen-Lampe. Was aber für die Polarimetrie wichtiger ist: Die Strahlendivergenz (Ebenheitsabweichung) der He-Ne-Gas-Laser-Wellen überschreitet nicht $3 \cdot 10^{-3}$ rad. Man kann daher Polarimeterröhren von extrem engem Querschnitt anwenden, wie z.B. die Ultra-Mikro-Küvette von Perkin-Elmer mit nur 0,65 mm lichter Weite und 100 mm Länge. Die sehr hohe Lichtkonzentration der Laserstrahlung gewährleistet, daß trotz des engen Querschnittes noch genügend Licht für die Messung verfügbar ist. Allerdings haben He-Ne-Gas-Laser nur die Hauptwellenlänge 632,8 nm im sichtbaren Spektralgebiet, weitere Wellenlängen sind 1150 und 3390 nm. Ergänzende Informationen über Laser sind dem einschlägigen Schrifttum zu entnehmen, z.B. [18a] und „kurz und bündig“ [21a].
Die Leuchtfläche der Lichtquellen muß gut ausgerichtet zum optischen Aufbau des Polarimeters sein. Es ist daher zweckmäßig, eingebaute oder fest angebaute Lampen zu verwenden, wobei die Halterung Justiermöglichkeiten besitzen muß.

2.5. Polarimeterröhren: Ausführungen, Pflege, Füllen

Die Polarimeterröhren sind an beiden Enden durch planparallele Glasscheiben abgeschlossen, die bisweilen angeschmolzen sind, meist aber mit mechanischen Halterungen gegen die Stirnflächen der Röhren gedrückt werden. In diesem Falle ist zwischen der Halterung und der Scheibe noch ein Gummiring eingefügt. Die Polarimeterröhre liegt im Polarimeter auf einem Bett derart, daß ihre Längsachse möglichst parallel zur optischen Achse des Geräts verläuft (zulässige Unparallelität bis zu 0,5°), denn bei größerer Unparallelität gäbe es in der Röhre eine prismatische Ablenkung der Lichtstrahlen, die bei dem zur Röhrenlänge bisweilen relativ kleinen Querschnitt Wandungsreflexionen zur Folge hätte, durch die die Polarisation und somit die Meßgenauigkeit beeinträchtigt würden.
Die *Abschlußgläser* von 1 bis 2 mm Dicke sind kein gewöhnliches Fensterglas, sondern aus hochwertigem, weitgehend spannungsfreiem, möglichst optischem Glas gefertigt. Sie sind vom Benutzer entsprechend pfleglich zu behandeln. Vor allem dürfen beim Putzen keine Kratzer auf den Glasoberflächen entstehen, deshalb empfiehlt es sich sehr, nur mit weichen, mehrfach ausgekochten Leinentüchern zu putzen, die Gläser bei Nichtgebrauch einzeln in säurefreies Seidenpapier zu wickeln. Die Flächen der Abschlußgläser haben feinoptische Qualität hinsichtlich Ebenheit und Parallelität (Toleranz 5′). Mechanisch an der Röhre gehalterte Ab-

schlußgläser dürfen keinem stärkeren mechanischen Druck ausgesetzt sein, vor allem nicht lokalen Druckspitzen etwa an Stellen lokaler Verschmutzungen der Röhrenstirnflächen. Letztere sind gut plan geschliffen und müssen stets saubergehalten werden. Mechanische Halterungskappen mit Schraubgewinde dürfen niemals stärker angezogen werden, als es für eben ausreichende Fixierung der Gläser nötig ist, trotz des *Gummiringes*, der selbst genügend elastisch sein muß und beileibe nicht vergessen werden darf. Ältere Gummiringe werden hart und wellig, sie sind rechtzeitig gegen neue Gummiringe auszuwechseln. Sobald nämlich ein Abschlußglas mechanischen Druck bekommen hat, wird es und bleibt es mehr oder weniger doppelbrechend, stört daher die Polarisation. Es ist dann ein für alle Male unverwendbar. *Aufschraubkappen* sind vorsichtig anzuwenden, weniger gefährlich sind *Aufsteckkappen*, die das Glas natürlich nicht so sicher fixieren. Eine gute mechanische Lösung hat Zeiss bei seinen Polarimeterröhren gefunden, die mit Aufschraubkappen versehen sind und zwischen dieser und dem Gummiring einen mechanischen Ringteil haben, der die Übertragung der besonders gefährlichen Torsionskräfte auf das Abschlußglas völlig verhütet.

Carl Zeiss führte 1969 bei den Polarimeterröhren mit Einfüllstutzen *elastische Röhrenverschlüsse* ein, wodurch das Arbeiten wesentlich erleichtert wird. Der meßtechnische Gewinn durch diese Maßnahme besteht besonders darin, daß solche Verschlüsse nicht mehr abgenommen zu werden brauchen und somit die Deckgläser ebenfalls nicht, wodurch unkontrollierbare Nullpunktfehler vermieden werden, außerdem praktisch keine Verspannung der Deckgläser mehr entsteht.

Dem Benutzer wird empfohlen, in zeitlichen Abständen die Abschlußgläser auf entstandene Remanenzspannungen zu prüfen. Hierzu werden sie an einer Polarimeterröhre angebracht, die mit destilliertem Wasser gefüllt ist. Zwischen gekreuztem Polarisator und Analysator soll diese gefüllte Röhre keine Aufhellung des Dunkelfeldes verursachen, auch nicht, wenn die Röhre in ihrem Lagerbett um 180° gedreht wird; beim Drehen der Röhre soll der polarimetrische Ablesewert innerhalb $\pm 0{,}003°$ konstant bleiben.

Die *Länge* der Röhren verträgt nur eine geringe Toleranz, je nach den Anforderungen an Meßgenauigkeit zwischen 0,01 % und 0,2 % der Sollänge, also z. B. 200 $\pm$ 0,02 mm bis $\pm$ 0,4 mm. Die Röhren sind somit Präzisionserzeugnisse, die pfleglich zu behandeln sind. Ein Nachschleifen beschädigter Stirnflächen verbietet sich. Die Endflächen der Röhren sollen gute optische Qualität haben, innerhalb enger Toleranzen eben und parallel sein, bis auf wenige Minuten senkrecht zur Röhrenachse, sie dürfen Rauhigkeiten von höchstens 0,4 μm bei 50 mm Länge, bis 1 μm bei 400 mm Länge aufweisen. Die Längen der Röhren sind abgestuft, meist üblich sind 100 und 200 mm, größere Längen betragen 400 und 600 mm, kürzere Längen sind vorzugsweise 10 mm, 20 mm und 50 mm. Zu den Röhrentoleranzen für Saccharimeter vgl. S. 130.

Es gibt verschiedene *Ausführungsformen* von Röhren (Abb. 20), glatte Zylinderröhren und Röhren mit Erweiterung in der Mitte oder an einem bzw. beiden Enden. Die Erweiterung dient als Luftblasenfang. Sodann

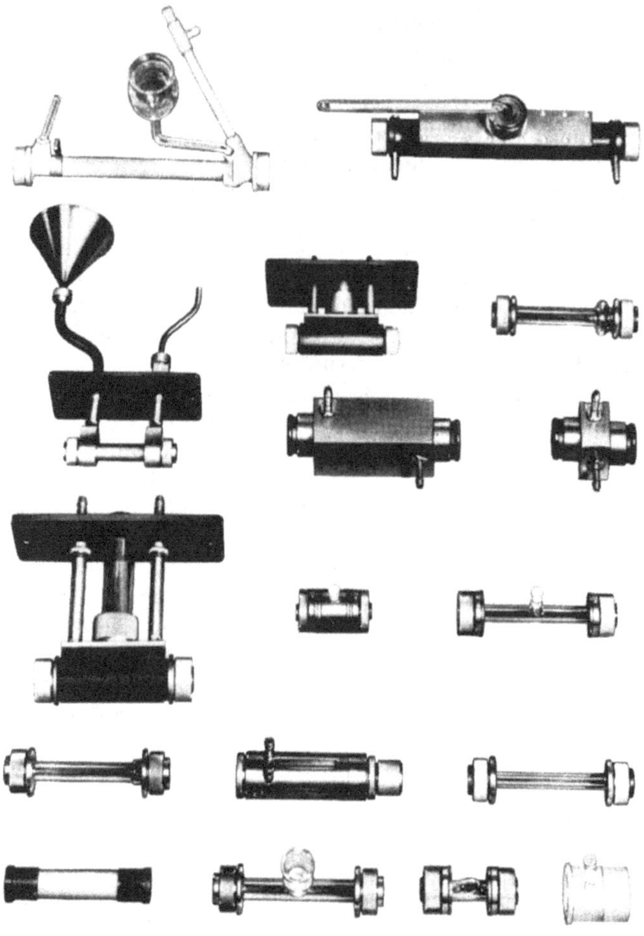

Abb. 20: Polarimeterröhren (Werkfoto Carl Zeiss)

gibt es Röhren mit Einfüllstutzen, der zugleich als Thermometerstutzen dienen kann. Die Röhren haben im allgemeinen eine lichte Weite von 8 mm, *Mikroröhren* für kleine Substanzmengen bis herab zu 1,5 mm. In diesem Falle sind Aufsteckblenden von etwas kleinerem Querschnitt

erforderlich, um Wandungsreflexe zu verhüten. Perkin-Elmer liefert eine Ultramikroküvette (Länge 10 cm, Durchmesser 0,65 mm, Volumen 36 µl), die allerdings nur mit einem Laserstrahl verwendbar ist.
Für präzisionspolarimetrische Untersuchungen, insbesondere von Flüssigkeiten mit hohem Temperaturkoeffizienten der optischen Drehung, kommt es auf gute Konstanz einer bestimmten Meßtemperatur an. Diesem Zweck dienen sogenannte *Thermostatenröhren*, bei denen die Röhre in einer Ummantelung untergebracht ist. Durch diese läßt sich eine temperaturkonstante Flüssigkeitsströmung von einem Thermostaten her aufrechterhalten, wobei auch die Röhrenenden genügend im Strömungsbereich liegen. Die Thermostatenröhren sind mit einem Thermometer versehen, das die Temperatur in der untersuchten Flüssigkeit selbst mißt und nach Zehntel Grad Celsius unterteilt ist. Der Raum für die Thermometerkugel wird gleichfalls von der thermostasierenden Strömung umspült.
Durchflußröhren haben Zu- und Abflußstutzen nahe den Röhrenenden, sie gestatten einen bequemen Wechsel in der Flüssigkeitsbeschickung, ohne daß die Röhre aus dem Polarimeter herausgenommen oder gar auseinandergenommen werden muß.
Als Material für die Polarimeterröhren wird meist hochwertiges Röhrenglas verwendet, das gegen Reinigungsmittel hohen sowie niedrigen pH-Wertes, z.B. 50 % Essigsäure, widerstandsfähig ist.
Das *Füllen* der Röhren geschieht folgendermaßen: Grundsätzlich müssen die Röhren und die Abschlußgläser gut gesäubert werden. Beim Füllen hält man die unten geschlossene Röhre senkrecht und faßt sie nur mit zwei Fingern am oberen Teil, um Erwärmung durch die Hand möglichst zu vermeiden. Röhren ohne Blasenfang werden so weit gefüllt, daß eine Flüssigkeitskuppe das obere Röhrenende überragt. Man wartet, bis aufsteigende Blasen oben angelangt sind. Das trockene Abschlußglas wird waagerecht von der Seite aufgeschoben, genügend sorgfältig, aber nicht zu langsam, damit keine neue Luftblase entstehen kann. Hat sich dennoch eine Luftblase gebildet, so wird der Vorgang wiederholt, und zwar nachfüllen von Lösung bis zur Flüssigkeitskuppe, abwarten, das erneut getrocknete Abschlußglas aufschieben. Röhren mit engem Querschnitt lassen sich entweder durch Einhängen eines sauberen Platindrahtes und Entlanggießen an diesem füllen oder mit einer Injektionsspritze. Übergeflossene Tropfen sind nach dem Verschließen der Röhre abzuwischen, damit sie nicht in das Polarimeter gelangen und dort, falls sie ätzend sind, Beschädigungen herbeiführen.

2.6. Optischer Aufbau eines Polarimeters

Die beim Drehen des Analysators bzw. Polarisators auftretende Verdunklung wird in einem Einstellfeld (Meßfeld) beobachtet. Wichtigste Forderung ist, daß die Intensität (Leuchtdichte) des Einstellfeldes gleich-

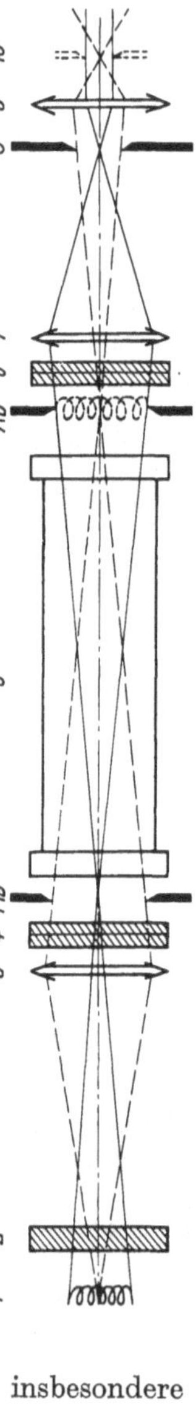

Abb. 21: Optische Anordnung (ohne Halbschatten) in einem Polarimeter mit der Meßfeldblende am Polarisator. MB Meßfeldblende, 1 Lichtquelle, 2 Lichtfilter, 3 Beleuchtungsoptik, 4 Polarisator, 5 Polarimeterröhre, AB Aperturblende, 6 Analysator, 7 Objektiv, 8 Okularblende, 9 Okular, 10 Augenort (Austrittspupille)

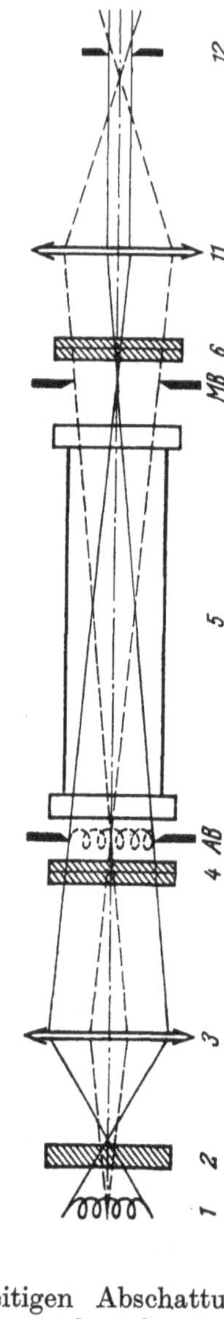

Abb. 22: Optische Anordnung (ohne Halbschatten) in einem Polarimeter mit der Meßfeldblende am Analysator. MB Meßfeldblende, 1 bis 6 und AB wie in Abb. 21; 11 Betrachtungslinse, 12 Lochblende (Austrittspupille).

mäßig ist, insbesondere keine einseitigen Abschattungen aufweist. Außerdem muß das Einstellfeld, das meist kreisförmig ist, scharf umrandet erscheinen, seine Umgebung tiefschwarz sein.

Diesen Forderungen tut eine optische Anordnung aus Linsen und Blenden (Abb. 21 und 22) Genüge. Dabei kommt es ganz besonders auf die *Blenden* an. Beiderseits der Polarimeterröhre 5 ist je eine Blende MB und AB vorhanden, die etwas kleiner als der Röhrenquerschnitt sind.

Die Blende MB (*Meßfeldblende*) dient zur Meßfeldberandung, die Blende AB zur Begrenzung des ausgenutzten Leuchtfeldes der Lichtquelle. Diese sogenannte *Aperturblende* erfüllt ihren Zweck, wenn auf ihr die Leuchtfläche der Lichtquelle 1 durch ein optisches Linsensystem 3, die sogenannte Beleuchtungsoptik, abgebildet wird, wobei der Abbildungsmaßstab so gewählt ist, daß das Leuchtflächenbild etwas größer als der Querschnitt der Aperturblende ist, damit wirklich die ganze Öffnung der Aperturblende ausgeleuchtet wird. Beobachterseitig von der Polarimeterröhre befindet sich eine Beobachtungsoptik 7 und 9 bzw. 11, mit der die Blende MB scharf und etwas vergrößert gesehen wird. Um die Schärfe gut fokussieren zu können, hat die Beobachtungsoptik ein Einstellgewinde. Bei 10 liegt der Ort des Beobachterauges. Bei 12 ist eine Blende vorhanden, hinter die der Beobachter das Auge bringt.

3. Die Mitwirkung des Gesichtssinnes bei visuellen Polarimetern

Weniger das Auge als physiologisches Rezeptionsorgan, vielmehr der Gesichtssinn als reizverarbeitend ist bei der Konstruktion von visuellen Polarimetern berücksichtigt. Zu den hier interessierenden Eigenschaften des Gesichtssinnes gehören:

1. die Helligkeitsempfindung,
2. die Adaptation,
3. Empfindungsstörungen,
4. die Kontrastempfindlichkeit.

3.1. Die Helligkeitsempfindung

Die Helligkeitsempfindung ist am besten im grünen Teil des Spektrums, wie Tabelle 10 angibt.

Tabelle 10: Relativwerte der Helligkeitsempfindlichkeit des Gesichtssinnes

Farbe	Wellenlänge nm	relative Helligkeitsempfindlichkeit bei Tageslicht	in tiefer Dämmerung
rot	680	0,017	0,0000715
	640	0,175	0,001497
orange	600	0,631	0,03315
gelb	590	0,757	0,0655
	580	0,870	0,1212
	570	0,952	0,2076
grün	560	0,995	0,3288
	550	0,995	0,481
	540	0,954	0 650
	530	0,862	0,811
	520	0,710	0,935
	510	0,503	0,997
	500	0,323	0,982
blau	480	0,139	0,793
	460	0,060	0,567
	440	0,023	0,3281
violett	420	0,004	0,0966
	400	0,0004	0,00929

Wie man sieht, ist die visuelle Polarimetrie im roten, blauen und violetten Licht durch die geringe Helligkeitsempfindlichkeit stark behindert, somit auch die Einstellgenauigkeit herabgesetzt. Photoelektrische Polarimeter sind dagegen auch in diesen Spektralgebieten sowie im Ultraviolett und Infrarot leistungsfähig.

3.2. Die Adaptation

Unter Adaptation versteht man die Anpassung des Gesichtssinnes an veränderte Leuchtdichten.
Unter *Leuchtdichte* versteht man die Lichtleistung, die von 1 cm^2 einer selbst- oder nichtselbstleuchtenden Fläche in den Raumwinkel 1 Steradiant emittiert wird. Man mißt die Leuchtdichte in Apostilb*). Eine matte weiße Fläche, die aus 1 m Entfernung mit der Normalkerze beleuchtet wird (also mit 1 Lux Beleuchtungsstärke), erscheint in der Leuchtdichte 1 Apostilb. Das Auge bewertet Leuchtdichten, die Photozelle Lichtströme.
Bei der Polarimetrie kommt es auf die Dunkeladaptation an, die Anpassung des hell adaptierten Auges an das relativ dunkle Einstellfeld. Sie dauert etliche Zeit, wie Tabelle 11 zeigt.

Tabelle 11: Zeitliches Fortschreiten der Dunkeladaptation

Zeit in Minuten	4	6	8	10	20	40
Unterer Wert der erkennbaren Leuchtdichten in asb	7	5,4	4	3	1,5	1,2

Bei der Präzisionspolarimetrie können Leuchtdichten des Einstellfeldes in der Größenordnung 10^0 asb durchaus vorkommen. Es bedarf also einer Adaptationszeit, die entsprechend lang sein muß, bevor man, anfangs noch hell adaptiert, im verdunkelten Meßraum zu polarimetrieren beginnt. Die Lichtquelle selbst muß nach außen gut abgedunkelt sein. Auch das Meßprotokoll und die Ableseskalen dürfen nicht zu hell beleuchtet werden. Zweckmäßig ist für Skalen und Meßprotokoll Rotbeleuchtung (Wellenlänge des Rotlichts größer als 630 nm), weil durch langwelliges Rotlicht die Dunkeladaptation nicht nennenswert beeinträchtigt wird [96]. Im Rotlicht darf dann auch die Intensität des Ablesefeldes so hoch sein, daß eine ausreichende Sehschärfe für die Skalenablesung erzielt wird. Bei kurzzeitigem Verlassen des Meßraumes empfiehlt es sich, vorher eine

*) Eigentlich, aber zweckmäßig kann die Leuchtdichte-Einheit (asb) nur benutzt werden, wenn die Leuchtdichte als eine Eigenschaft der Strahlung definiert ist und nicht als eine Größe aufgefaßt wird, die an eine Leuchtfläche bestimmter Abmessungen gebunden ist. Beispiele für Leuchtdichten: abendlich beleuchtete Straße 0,1 bis 1 asb; Buchseite im Lampenlicht mindestens 100 asb; schattige Straße am Tage 10^4 asb; Leuchtstofflampen 10^4 bis 10^5 asb; Tageshimmel 10^4 bis 10^6 asb; von Mittagssonne beschienene Straße 10^5 asb; Sonnenscheibe 10^9 asb.

sogenannte Dunkeladaptationsbrille (rote Brille der Röntgenärzte) aufzusetzen und außerhalb des Meßraumes aufzubehalten. Man braucht dann vor erneutem Beginn der Messung nur einige Minuten im verdunkelten Meßraum ohne Rotbrille zu warten.

Bei großen Drehwinkeln hellt sich das zunächst ohne Meßsubstanz eingestellte Feld eines Polarimeters nach dem Einlegen der Meßsubstanz und vor dem erneuten Einstellen stark auf. Daher muß schon ungefähr eingestellt werden, bevor man in das Okular des Polarimeters hineinsieht.

Personen, die beruflich viel visuell polarimetrieren, sorgen zweckmäßig für genügend Vitamin-A-haltige Ernährung (frische Butter, Leber, Tomaten, Karotten, Spinat). Drogen gegen sogenannte Nachtblindheit werden zwar angepriesen, helfen aber nicht viel. Ältere Personen haben eine erheblich verlängerte Adaptationszeit und erreichen auch niemals die Leuchtdichteschwelle jüngerer Menschen.

3.3. Empfindungsstörungen

Bei längerer Fixation des Einstellfeldes treten Gesichtsempfindungen auf, denen kein gleichzeitiger physikalischer Reiz des Gesichtssinnes entspricht. Diese Gesichtsempfindungen überlagern dem Einstellfeld physiologisch bedingte unruhige Schatten, die eine fühlbare Unsicherheit in der Meßwerteinstellung hervorrufen. Es hat also keinen Zweck, wenn die Meßperson zu zögernd einstellt. Übermäßig langes Hinsehen wirkt genauigkeitsmindernd. Man sollte daher besser zu einem schnellen Einstellen zu kommen versuchen, wozu allerdings einige Übung gehört.

3.4. Die Kontrastempfindlichkeit und das Halbschattenprinzip

Die Kontrastempfindlichkeit des Gesichtssinnes spielt für die Genauigkeit bei allen auf photometrischer Grundlage beruhenden Messungen, so auch in der visuellen Polarimetrie, eine sehr wichtige Rolle. Bisher wurde in dieser Monographie nur gesagt, daß man die azimutale Drehung ψ bis zum Moment größter Dunkelheit durchführt. Da die Verdunklung des Einstellfeldes nach (28) allmählich und proportional zu $\cos^2 \psi$ fortschreitet, nimmt diese im Bereich minimaler Leuchtdichte bei gleichen Änderungen von ψ um so weniger zu, je näher man dem Minimum der Leuchtdichte kommt. Die Einstellung auf das Minimum wird also zunehmend unsicher, d. h. fehlerhaft.

Man wendet deshalb in visuellen Polarimetern das sogenannte „*Halbschattenprinzip*“ an. Hierbei ist das Einstellfeld in zwei möglichst unvermittelt aneinandergrenzende Feldhälften unterteilt. Den Feldhälften sind unterschiedliche Schwingungsrichtungen P_1 und P_2 des linear polarisierten Lichts vor der Meßsubstanz zugeordnet (Abb. 23). Vorzustellen wäre dieses Prinzip in der Weise, daß zwei Polarisatoren mit ein wenig unterschiedlichen Schwingungsrichtungen (Winkel φ) hart nebeneinandergrenzen. Dreht man den Analysator gekreuzt zu dem einen

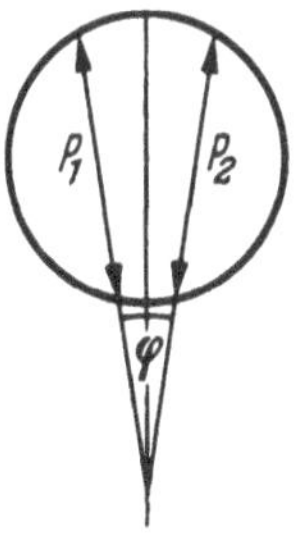

Abb. 23: Prinzip der Halbschatteneinrichtung

oder anderen Polarisator ein (Abb. 24), so erscheint jedesmal die zugehörige Feldhälfte völlig dunkel, die andere aufgehellt. Der geringe azimutale Winkelunterschied φ zwischen den beiden Analysatoreinstellungen für stärkste Verdunklung der einen oder der anderen Feld-

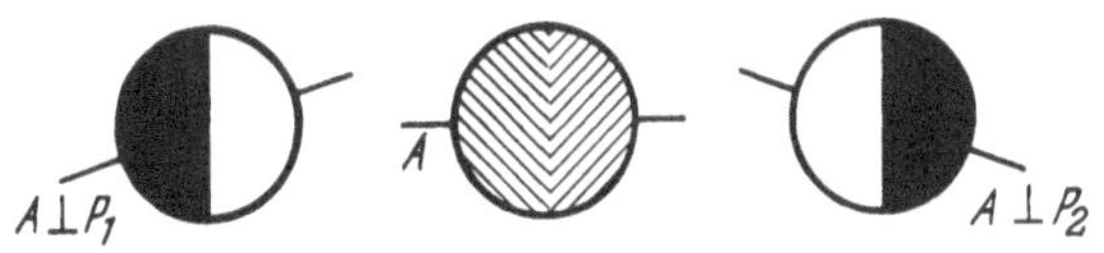

Abb. 24: Halbschattenmeßfeld in drei verschiedenen Stellungen des Analysators. Links: Analysator gekreuzt zu P_1 in der linken Feldhälfte; Mitte: Analysator gekreuzt zur Winkelhalbbierenden zwischen P_1 und P_2 (Abgleichstellung); rechts: Analysator gekreuzt zu P_2 in der rechten Feldhälfte

hälfte heißt *Halbschattenwinkel*. Dreht man den Analysator von der Dunkelstellung der einen Feldhälfte allmählich in diejenige der anderen Feldhälfte, so wird die anfänglich völlig dunkle Feldhälfte allmählich heller, die andere dunkler. In der Mittelstellung $\varphi/2$ sind beide Feldhälften gleich hell, besser gesagt gleich schattig, wenn man auf *Abgleich* zwischen den beiden Feldhälften eindreht. Der Abgleich führt zu einer einheitlichen Leuchtdichte des gesamten Feldes, die proportional zu $\sin^2 \frac{\varphi}{2}$ ist. Je größer φ ist, um so größer ist die Abgleichleuchtdichte. Dieses sogenannte Halbschattenprinzip läuft also darauf hinaus, diejenige Analysatoreinstellung zu treffen, bei der beide Feldhälften gleich schattig erscheinen. Bei einer geringen Fehleinstellung $\Delta\psi$ sind die Feldhälften ungleich schattig. Sie haben dann zueinander einen gewissen Kontrast.

Der *Kontrast* K ist mathematisch definiert durch

$$K = \frac{\Delta E}{E}, \tag{29}$$

wobei E die Abgleichleuchtdichte und ΔE der Leuchtdichteunterschied im Winkel $\Delta\psi$ sind.

Für E gilt:

$$E \sim \sin^2 \frac{\varphi}{2}, \tag{30}$$

für ΔE:

$$\Delta E \sim \sin\varphi \cdot \sin 2\Delta\psi, \tag{31}$$

also wird

$$K = \frac{2 \cdot \sin 2\Delta\psi}{\tan \frac{\varphi}{2}}. \tag{32}$$

Da es sich um kleine Winkel φ und $\Delta\psi$ handelt, wird der Kontrast

$$K \approx \frac{8\Delta\psi}{\varphi}. \tag{33}$$

Der menschliche Gesichtssinn hat eine untere Grenze (Schwelle) der Kontrastempfindung bei $K = 0{,}02$ (2 %), hiernach besteht also scheinbar Abgleich im Intervall

$$-\frac{\varphi}{400} \leqq \Delta\psi \leqq +\frac{\varphi}{400}. \tag{34}$$

Dieses Intervall ist um so kleiner, je kleiner φ ist, allerdings ist dann nach (30) die Abgleichleuchtdichte entsprechend niedriger.
Das ist jedoch mehr Theorie als Wirklichkeit, da der Kontrast durch unvermeidbares unpolarisiertes Störlicht etwas gemindert wird, so daß bei $\varphi \to 0$ nicht auch $\Delta\psi \to 0$ geht. Vielmehr gibt es einen von Null verschiedenen Halbschattenwinkel φ mit minimalem Abgleichfehler $\Delta\psi$. Beträgt das Störlicht $p\,^0/_{00}$ des Lichtes, das in den Analysator einfällt, so wird statt (30):

$$E \sim \sin^2 \frac{\varphi}{2} + \frac{p}{1000}, \tag{35}$$

$$\Delta E \sim \sin\varphi \cdot \sin 2\Delta\psi, \tag{36}$$

statt (34);

$$-\frac{\varphi}{400}\left(1 + \frac{13{,}1\,p}{\varphi^2}\right) \leqq \Delta\psi \leqq +\frac{\varphi}{400}\left(1 + \frac{13{,}1\,p}{\varphi^2}\right) \tag{37}$$

mit $\Delta\psi$ und φ in Winkelgrad bei kleinem φ.

Tabelle 12: Zufällige Abgleichfehler $\pm \Delta\psi$ in Winkelgrad

φ	$\sin^2 \frac{\varphi}{2}$	Störlicht $p\,^0/_{00}$			
		0 (theor.)	0,1	1	10
0,5°	$2 \cdot 10^{-5}$	0,001	0,008	0,07	0,67
1°	8	0,0025	0,006	0,04	0,34
1,5°	17	0,004	0,006	0,03	0,23
2°	31	0,005	0,007	0,02	0,17
3°	69	0,0075	0,009	0,02	0,12
4°	122	0,010	0,011	0,02	0,09
6°	274	0,015	0,016	0,02	0,07
8°	490	0,020	0,020	0,03	0,06
10°	765	0,025	0,026	0,03	0,06
20°	$3000 \cdot 10^{-5}$	0,050	0,050	0,05	0,07

Der *Minimalfehler* $\Delta\psi_m$ in Winkelgrad wird erreicht beim Halbschattenwinkel (in Winkelgrad)

$$\varphi_m = 3{,}62 \cdot \sqrt{p} \tag{38}$$

und beträgt

$$\Delta\psi_m = \pm \frac{\varphi_m}{200}\,. \tag{39}$$

Das zeigt auch Tabelle 12 für $p = 0{,}1$; 1 und $10\,^0/_{00}$. Ein Polarimeter mit entspiegelter Optik, nicht verstaubten oder sonstwie verschmutzten Teilen im Strahlengang und mit hochwertigen Polarisationselementen hat bei klaren Meßsubstanzen kaum mehr Störlicht als $0{,}1\,^0/_{00}$. Aber auch dann ist zu beachten, daß — wie Tabelle 12 lehrt — kleinere Halbschattenwinkel als 1,2° wieder erhöhte Abgleichfehler verursachen. Tabelle 12 läßt auch erkennen, daß stärkeres Störlicht (beispielsweise durch unsaubere Flächen oder ungenügend geklärte Meßsubstanz) ein recht merkliches Anwachsen des Abgleichfehlers zur Folge hat.

Der Abgleich ist bisher immer für maximale Schattigkeit behandelt worden, weil so in der Polarimetrie verfahren wird. Es gäbe natürlich auch einen Abgleich auf maximale Helligkeit im Meßfeld, der um 90° von demjenigen auf gleiche Schattigkeit verschieden ist. Dabei aber werden die Abgleichfehler als Auswirkung der Kontrastschwelle 2% viel zu groß, beim Halbschattenwinkel $\varphi = 2°$ nämlich $\Delta\psi = \pm 18°$, beim Halbschattenwinkel $\varphi = 10°$ immerhin auch $\Delta\psi = \pm 3°$. Es wäre also völlig abwegig, bei stark absorbierenden Meßsubstanzen mit kleinen Halbschattenwinkeln auf gleiche Helligkeit statt auf gleiche Dunkelheit einzustellen! Man muß bei solchen Substanzen notfalls mit größeren Halbschattenwinkeln φ polarimetrieren und erhält, wie Tabelle 13 zeigt, bei Abgleich auf Schattigkeit (die jedoch wesentlich aufgehellt ist), immer noch ein erheblich genaueres Ergebnis als bei Abgleich auf maximale Helligkeit mit kleinerem Halbschattenwinkel.

Tabelle 13: Zufällige Abgleichfehler $\pm\Delta\psi$ in Winkelgrad bei Einstellung auf größte Dunkelheit (Index S) und auf größte Helligkeit (Index H) sowie die entsprechenden Abgleich-Leuchtdichten E.

Halbschatten-winkel	E_S	$\pm\Delta\psi_S$	E_H	$\pm\Delta\psi_H$
10°	0,008	0,03°	0,99	2,8°
20°	0,030	0,05°	0,97	1,6°
30°	0,067	0,08°	0,93	1,1°
40°	0,12	0,10°	0,88	0,8°
50°	0,18	0,13°	0,82	0,6°
60°	0,25	0,16°	0,75	0,5°
70°	0,33	0,20°	0,67	0,4°
80°	0,41	0,25°	0,59	0,3°
90°	0,50	0,29°	0,50	0,3°

Die Kontrastschwelle 2 % wird vom Gesichtssinn allerdings nur erreicht, wenn das Einstellfeld wirklich scharf begrenzt ist und eine möglichst einfache Form hat. Dies ist bei der meist üblichen Kreisform realisiert. Aber auch die *Größe* des Einstellfeldes spielt eine Rolle. Bei zu großen Feldern treten Adaptationsstörungen auf, die die Kontrastwahrnehmung erschweren. Am günstigsten ist für Präzisionspolarimetrie ein Meßfeld von etwa 3° bis höchstens 5° Durchmesser, weil nach SCHOBER [19], [96] im Gesichtsfeldbereich des Auges zwischen 5° und 20° eine störende Blend- und Adaptationsempfindlichkeit auftritt, was auch den Erfahrungsregeln von Photometriefachleuten entspricht, die das Feld sogar auf 2° begrenzen. Man soll sich daher nicht durch Werbesprüchlein verleiten lassen, die ein Polarimeter wegen seines besonders großen Einstellfeldes anpreisen, weil dadurch angeblich eine besonders gute Meßgenauigkeit erreicht werde. Das Gegenteil ist der Fall.

3.5. Technische Verwirklichung des Halbschattenprinzips

3.5.1. Halbschattenprismen nach JELLET und nach BECHSTEIN

Es handelt sich nach den Ausführungen auf S. 37, insbesondere zu Abb. 23, darum, den Polarisator (bzw. den Analysator) so auszubilden, daß zwei um den Halbschattenwinkel φ unterschiedliche Schwingungsrichtungen im Einstellfeld dicht nebeneinander zur Wirkung kommen. In besonders anschaulicher Weise ist dies bei einem Kalkspat-Polarisationsprisma realisiert, das zunächst durch einen ebenen Trennschnitt halbiert wird, worauf dann die Schnittfläche der einen Hälfte keilig mit dem Winkel φ angeschliffen (Abb. 25) und schließlich wieder mit der Schnittfläche der anderen Hälfte verkittet wird. Dabei ergibt sich ein Kalkspatprisma mit Halbschatteneffekt. Der Halbschattenwinkel hat dabei einen festen Betrag. Die Firma Bernhard Halle Nachf. in Berlin führt derartige Prismen unter den Bezeichnungen „Halbschattenprismen nach JELLET".

Das Halbschattenprisma nach BECHSTEIN besteht aus zwei miteinander verkitteten Polarisationsprismen. Es wird in Saccharimetern der Firma Schmidt & Haensch verwendet und ist in Abb. 64, S. 138 dargestellt.

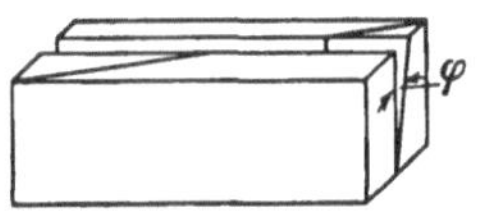

Abb. 25: Entstehung des Halbschattenprismas nach JELLET

3.5.2. Halbprisma nach LIPPICH

Universell verwendbar ist das Halbprisma nach LIPPICH (Abb. 26). Hierbei benutzt man ein zusätzliches Kalkspatprisma 2, das die freie Öffnung des Polarisators 1 (bzw. Analysators) zur Hälfte bedeckt und so konstruiert und justiert ist, daß die Kante K im Einstellfeld 3 als scharfe, beim Abgleich möglichst unsichtbare Trennungslinie zwischen den Feldhälften erscheint.

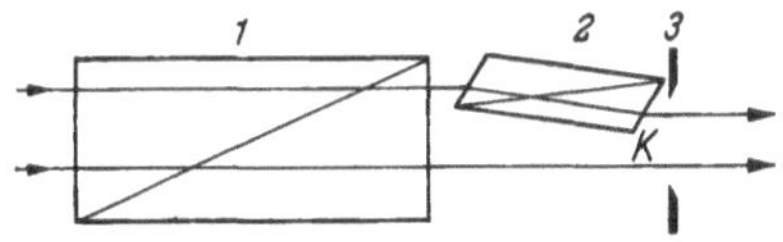

Abb. 26: Lippich-Halbschatten. 1 Polarisator, 2 Halbprisma nach LIPPICH, mit scharfer Kante K, 3 Meßfeldblende

Durch azimutales Drehen des Polarisators allein lassen sich beliebige Halbschattenwinkel einstellen, im allgemeinen zwischen $\varphi = -15°$ und $\varphi = +15°$ (vgl. dazu S. 49). Nicht nur die Veränderlichkeit des Halbschattenwinkels macht das Lippichsche System universell; es ist auch für jede beliebige Lichtwellenlänge benutzbar. Es ist die leistungsfähigste Halbschatteneinrichtung und wird daher zumal in Präzisionspolarimetern verwendet. Preislich liegt es allerdings ziemlich hoch und wird daher für Polarimeter mit geringen Ansprüchen an die Meßgenauigkeit nicht verwendet. Der vom Halbprisma verursachte Lichtverlust in der zugehörigen Feldhälfte eliminiert sich (vgl. jedoch S. 105) für die Differenz zwischen Nullpunkt und Drehwert.

3.5.3. Halbschattenplättchen nach LAURENT ($\lambda/2$-Plättchen)

Bei Polarimetern mit geringeren Ansprüchen an Meßgenauigkeit arbeitet man mit der Laurentschen Halbschatten-Anordnung (Abb. 27). Hierbei ist der Polarisator 1 oder der Analysator mit einem doppelbrechenden

Quarzplättchen 2 gepaart, das die halbe Öffnung oder das mittlere Drittel der Feldblende 3 bedeckt. Dieses Plättchen ist aus einem Quarzkristall parallel zu dessen Hauptsymmetrieachse geschliffen, und zwar in einer Dicke, die einen durch die Doppelbrechung verursachten Gangunterschied der Wellen in den Hauptschwingungsrichtungen gleich einem ungeraden (möglichst niedrigen) Vielfachen von $\lambda/2$ bewirkt. Ein

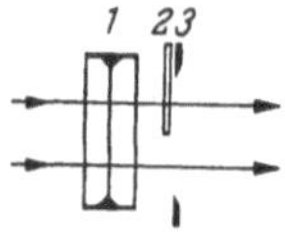

Abb. 27: Laurent-Halbschatten. 1 Polarisator, 2 $\lambda/2$-Plättchen aus Quarz, 3 Meßfeldblende

solches Plättchen hat die beiden aufeinander senkrechten Hauptschwingungsrichtungen x und y (Abb. 28). Einfallendes in Richtung P (Winkel σ) schwingendes Licht wird in zwei Komponenten p_x und p_y nach x und y zerlegt. Die beiden Komponenten haben im Plättchen verschiedene Lichtgeschwindigkeiten wegen der Verschiedenheit der

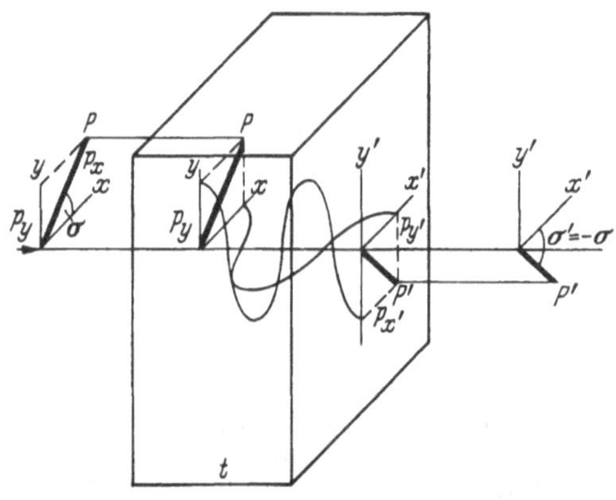

Abb. 28: Wirkungsweise des $\lambda/2$-Plättchens. x, y Hauptschwingungsrichtungen im Quarz; P Schwingungsrichtung des einfallenden linear polarisierten Lichts, unter dem Winkel σ gegen x; p_x, p_y Komponenten von P; p_x', p_y' Komponenten beim Austritt mit dem Gangunterschied $\lambda/2$ (Phasendifferenz π); P' resultierende Linearschwingung im Winkel $\sigma' = -\sigma$ zu x; t Plättchendicke

beiden Hauptbrechungszahlen n_o und n_{ao} des Quarzes. Sie sind im gelben Na-Licht $n_o = 1{,}54426$ und $n_{ao} = 1{,}55337$, im grünen Quecksilberlicht $n_o = 1{,}54617$ und $n_{ao} = 1{,}55534$. Bei der Dicke t des Quarzplättchens haben die Komponenten p_x' und p_y' an der Austrittsfläche den Gangunterschied $t \cdot (n_{ao} - n_o)$. Damit dieser Gangunterschied den

Betrag $\lambda/2$ hat, muß die Dicke des Plättchens $t = \lambda/2(n_{ao} - n_o)$ betragen, d.h. für gelbes Na-Licht $t = 0{,}0324$ mm, für grünes Quecksilberlicht $t = 0{,}0297$ mm. Technisch wird z.B. mit dem Gangunterschied $9\lambda/2$ gearbeitet, d. h. mit 9mal so großen Plättchendicken.
Dieser Gangunterschied bewirkt, daß die lineare Schwingung P mit dem Winkel σ gegen die x-Richtung in eine lineare Schwingung P' mit dem an x gespiegelten Winkel $\sigma' = -\sigma$ übergeführt wird. Es wird dadurch ein Halbschattenwinkel $\varphi = 2\sigma$ erzeugt.
Was die Verwendbarkeit dieser Halbschatteneinrichtung betrifft, so läßt sich ebenfalls durch Drehen des zugeordneten Polarisators oder Analysators jeder beliebige Halbschattenwinkel einstellen.
Aber die Lichtwellenlänge läßt sich nicht beliebig variieren, denn zu jeder Wellenlänge gehört eine bestimmte Plättchendicke. Sind Plättchendicke und Wellenlänge nicht aufeinander abgestimmt, so tritt aus dem Quarzplättchen kein linear polarisiertes, sondern elliptisch polarisiertes Licht aus. Dadurch gibt es hinter dem Plättchen eine merkliche Störlichtkomponente, die den Kontrast in den beiden Feldhälften erheblich herabsetzt, wodurch der Abgleich nach Tabelle 12 ziemlich unsicher werden kann. Auf jeden Fall muß beim Laurentschen Halbschatten der Monochromasiegrad der Beleuchtung, d. h. bei Verwendung einer Glühlampe die Bandbreite des Lichtfilters so schmal sein, daß der polarimetrische Abgleich der gewünschten Meßgenauigkeit entspricht.
Der Laurentsche Halbschatten-Apparat läßt kaum eine genauere Einstellung als $\Delta\psi = \pm 0{,}025°$ zu. Nach Gleichung (33) darf der Halbschattenwinkel φ deshalb bis zu 10° betragen, so daß das Einstellfeld meist genügend hell ist, um auch in unverdunkelten Arbeitsräumen polarimetrieren zu können.
Es sind noch andere Halbschattenkonstruktionen möglich und auch vorgeschlagen worden. Sie haben sich aber nicht eingeführt.

3.5.4. Dreiteiliges oder zweiteiliges Halbschattenfeld?

Bisweilen wurde und wird noch behauptet, daß das dreiteilige Einstellfeld genauere Einstellungen erlaube als das zweiteilige. Bei Besprechung des Laurentschen Halbschatten-Apparats wurde angedeutet, daß das Quarzplättchen entweder eine Hälfte der Meßfeldblende bedeckt — dies gibt ein zweiteiliges Einstellfeld — oder daß das Plättchen nur das mittlere Drittel des Feldes beansprucht, was zum dreiteiligen Einstellfeld führt. Es soll nun überprüft werden, ob an der behaupteten Genauigkeitssteigerung des dreiteiligen Feldes etwas Wahres ist.
Beginnen wir mit dem dreiteiligen *Laurent-Halbschatten.* Wenn dem Quarzplättchen das mittlere Drittel des Feldes zugeordnet ist, so verhalten sich beide Trennungslinien völlig gleich. Bei einem Abgleichfehler, der an der einen Trennungslinie einen Kontrast läßt, ist ein ebenso großer Kontrast auch an der anderen Trennungslinie vorhanden. Es

kann also gar keine Verminderung des Abgleichfehlers geben. Die Behauptung ist daher irreführend.

Dasselbe gilt für den dreiteiligen *Lippichschen Halbschatten-Apparat*, der durch zwei Halbprismen realisiert wird, die den beiden äußeren Dritteln des Feldes zugeordnet sind. Wenn die Halbprismen untereinander parallele Schwingungsrichtungen haben, entsteht an beiden Trennlinien der gleiche Helligkeitsunterschied.

Ergibt sich aber eine bessere Meßgenauigkeit bei *Unparallelität* $\Delta\varphi$ der Halbprismen, also bei ungleichen Halbschattenwinkeln an den beiden Trennungslinien? Dies ist aber, wie sich gleich zeigen wird, nur dann der Fall, wenn eine Nebenbedingung erfüllt ist, deren Verwirklichung praktisch kaum durchführbar ist. Bezeichnet man den Halbschattenwinkel des einen Halbprismas mit $\varphi + \frac{\Delta\varphi}{2}$, den des anderen mit $\varphi - \frac{\Delta\varphi}{2}$, so betragen bei einem Abgleichfehler $\Delta\psi$ die relativen Leuchtdichten in den drei Feldabschnitten:

$$1 - 4\frac{\Delta\psi}{\varphi} - 2\frac{\Delta\varphi}{\varphi}; \quad 1 + 4\frac{\Delta\psi}{\varphi}; \quad 1 - 4\frac{\Delta\psi}{\varphi} + 2\frac{\Delta\varphi}{\varphi}.$$

Die Unterschiede der Leuchtdichten der beiden äußeren Feldabschnitte gegen diejenige des mittleren sind

$$2\frac{\Delta\varphi}{\varphi} + 8\frac{\Delta\psi}{\varphi}; \quad 2\frac{\Delta\varphi}{\varphi} - 8\frac{\Delta\psi}{\varphi}.$$

Damit es Einstellwinkel $\Delta\psi$ gibt, für welche diese beiden Leuchtdichtedifferenzen die Kontrastschwellen $\pm 0{,}02$ nicht überschreiten, muß

$$\Delta\varphi \leqq \frac{\varphi}{100} \tag{40}$$

sein. Wenn hiernach $\Delta\varphi$ gewählt ist, so ergibt sich für die Einstellunsicherheit $\Delta\psi$:

$$\Delta\psi = \pm\left(\frac{\varphi}{400} - \frac{\Delta\varphi}{4}\right). \tag{41}$$

Beispiel:

$\varphi = 2°$,

$\Delta\varphi = 0°$	0,004°	0,008°	0,012°	0,016°	0,020°
$\pm\Delta\psi = 0{,}005°$	0,004°	0,003°	0,002°	0,001°	0°

Das dreiteilige Meßfeld mit

$$0 < \Delta\varphi < \frac{\varphi}{100}$$

kann also zu erheblich geringeren Einstellfehlern $\Delta\psi$ führen als das zweiteilige Feld, für das mit $\varphi = 2°$ der Einstellfehler bis zu 0,005° (theoretisch) erreicht. Es dürfte aber sehr schwierig sein, die Bedingung $\Delta\varphi < \frac{\varphi}{100}$ zu erfüllen, wenn noch mit kleinen Halbschattenwinkeln φ gearbeitet werden soll. Außerdem verschwindet der Gewinn an Meßgenauigkeit hinter den Fehlern, die beim Ansetzen der Meßprobe oder durch Temperaturabweichungen verursacht werden.

Eine bessere Meßgenauigkeit ist mit den dreiteiligen Halbschatten, wie man daraus entnehmen kann, sicher nicht zu erreichen.

4. Grundlagen und allgemeine Technik des Polarimetrierens

4.1. Meßtechnische Bedienungsanleitung

Nachstehend wird eine Messung im abgedunkelten Labor an einem *visuellen* Präzisionspolarimeter, das zwei Teilkreisablesungen, Polarisatorhalbschatten und Analysatordrehung hat, beschrieben. Sinngemäß ist sie auch auf andere visuelle Polarimeter anzuwenden.

1. *Lichtquelle* zünden. Alle Entladungslampen müssen eine Einbrennzeit von etwa 10 Minuten haben. Bei Quecksilberbrennern ist auf Abschirmung des Beobachters zu achten, denn die starke UV-Strahlung ruft schon nach wenigen Minuten ernsthafte Hautschäden und heftige Bindehautentzündung der Augen hervor.

2. Das richtige *Farbfilter* in Wirkstellung bringen.

3. Die *Ausleuchtung* der Analysatorblende prüfen, indem man ein Blatt Papier vor sie schiebt, auf dem sich die Leuchtfläche abbilden muß. Das Leuchtflächenbild muß den Durchmesser der Analysatorblende voll ausleuchten. Anderenfalls ist die Lichtquelle nachzujustieren.

4. Den drehbaren *Analysator* ungefähr auf größte Schwärze der einen Feldhälfte eindrehen.

5. Das *Okular* auf beste Schärfe der Trennungskante einstellen.

6. *Halbschattenwinkel* 2° einstellen (bei absorbierenden Substanzen größer).

7. Nach genügender Adaptationszeit von mindestens einer Viertelstunde im Dunkellabor — zunächst *ohne* Meßsubstanz — den *Feldabgleich* auf größte *Dunkelheit* 10mal durchführen, wechselnd von der einen und der anderen Seite her und auch mit wechselnder Fingerhaltung, dabei nicht zu langsam abgleichen. Nach vorheriger Scharfstellung des *Skalenbildes* jedesmal beide Skalenablesungen ψ_1 und ψ_2 notieren (Meßprotokoll nur in Rotbeleuchtung). Ein Beispiel folgt auf S. 47–48.

8. Die *Meßsubstanz* einlegen, dabei nur die Röhrenkappen anfassen. Etwas abwarten, bis etwaige Schlieren verschwunden sind. Bei sehr hellem Leuchtfeld vor dem Einblick in das Okular annähernd auf Abgleich stellen.

9. Mit dem *Okular* die Schärfe der Trennkante nachstellen. Die Einstellung 10mal wiederholen und notieren.

4.2. Beispiele für eine Drehungsmessung

1. *Beispiel:* Halbschattenwinkel $\varphi = 2°$

a) *ohne* Substanz

lfd. Nr. der Ablesung	Ablesungen am Kreis in Winkelgrad		Mittelwerte (d. Dezimalen)	$\psi_0 - \bar{\psi}_0$	$(\psi_0 - \bar{\psi}_0)^2$
	ψ_{01}	ψ_{02}	ψ_0		
1	1,03	181,04	1,035	$-1 \cdot 10^{-3}$	$1 \cdot 10^{-6}$
2	02	03	025	-11	121
3	04	05	045	$+9$	81
4	04	05	045	$+9$	81
5	02	03	025	-11	121
6	03	04	035	-1	1
7	03	04	035	-1	1
8	04	05	045	$+9$	81
9	04	05	045	$+9$	81
$N = 10$	02	03	025	-11	121
			$\bar{\psi}_0 = 1,036$	0	$\Sigma = 690 \cdot 10^{-6}$

Standardabweichung*) $s(\psi_0) = \sqrt{\frac{\Sigma}{N-1}} = 0,008.$

Ableseergebnis: $\bar{\psi}_0 = 1,036, \quad s(\psi_0) = 0,008.$

b) *mit* Substanz

lfd. Nr. der Ablesung	Ablesungen am Kreis in Winkelgrad		Mittelwerte (d. Dezimalen)	$\psi - \bar{\psi}$	$(\psi - \bar{\psi})^2$
	ψ_1	ψ_2	ψ		
1	14,22	194,23	14,225	$-9 \cdot 10^{-3}$	$81 \cdot 10^{-6}$
2	22	23	225	-9	81
3	24	25	245	$+11$	121
4	23	24	235	$+1$	1
5	23	24	235	$+1$	1
6	24	25	245	$+11$	121
7	23	24	235	$+1$	1
8	24	25	245	$+11$	121
9	22	23	225	-9	81
$N = 10$	22	23	225	-9	81
			$\bar{\psi} = 14,234$	0	$\Sigma = 690 \cdot 10^{-6}$

$$\bar{\psi} = 14,234, \qquad s(\psi) = 0,008.$$

*) Siehe S. 151.

Drehwert beim Halbschattenwinkel $\varphi = 2°$:

$$\begin{array}{lll} \bar{\psi} = 14{,}234 & s(\psi) = 0{,}008 & s^2(\psi) = 64 \cdot 10^{-6} \\ \bar{\psi}_0 = 1{,}036 & s(\psi_0) = 0{,}008 & s^2(\psi_0) = 64 \cdot 10^{-6} \\ \hline \alpha = +13{,}198° & s(\alpha) = 0{,}011° & s^2(\alpha) = 128^{*)} \cdot 10^{-6} \end{array}$$

*Vertrauensgrenzen**) bei $P = 95\,\%$: $\pm 0{,}72 \cdot s(\alpha) = \pm 0{,}008°$.

2. *Beispiel:* Halbschattenwinkel $\varphi = 10°$.

a) *ohne* Substanz

lfd. Nr. der Ablesung	Ablesungen am Kreis in Winkelgrad		Mittelwerte (d. Dezimalen)	$\psi_0 - \bar{\psi}_0$	$(\psi_0 - \bar{\psi}_0)^2$
	ψ_{01}	ψ_{02}	ψ_0		
1	5,05	185,06	5,055	$-10 \cdot 10^{-3}$	$100 \cdot 10^{-6}$
2	06	07	065	0	0
3	01	02	015	−50	2500
4	08	09	085	+20	400
5	09	10	095	+30	900
6	10	11	105	+40	1600
7	07	08	075	+10	100
8	05	06	055	−10	100
9	03	04	035	−30	900
$N = 10$	06	07	065	0	0
			$\bar{\psi}_0 = 5{,}065$	0	$\Sigma = 6600 \cdot 10^{-6}$

$$\bar{\psi}_0 = 5{,}065, \qquad s(\psi_0) = 0{,}027$$

b) *mit* Substanz wie im 1. Beispiel:

lfd. Nr. der Ablesung	Ablesungen am Kreis in Winkelgrad		Mittelwerte (d. Dezimalen)	$\psi - \bar{\psi}$	$(\psi - \bar{\psi})^2$
	ψ_1	ψ_2	ψ		
1	18,26	198,27	18,265	$-6 \cdot 10^{-3}$	$36 \cdot 10^{-6}$
2	24	25	245	−26	676
3	21	22	215	−56	3136
4	29	30	295	+24	576
5	30	31	305	+34	1156
6	27	28	275	+ 4	16
7	26	27	265	− 6	36
8	28	29	285	+14	196
9	26	27	265	− 6	36
$N = 10$	29	30	295	+24	576
			$\bar{\psi} = 18{,}271$	0	$\Sigma = 6440 \cdot 10^{-6}$

$$\bar{\psi} = 18{,}271, \qquad s(\psi) = 0{,}027.$$

*) Siehe S. 151, Gleichung (182) und Tab. 27 sowie S. 152, Gleichung (184).

Drehwert beim Halbschattenwinkel $\varphi = 10°$:

$$\begin{array}{lll} \bar{\psi} = 18{,}271 & s(\psi) = 0{,}027 & s^2(\psi) = 730 \cdot 10^{-6} \\ \bar{\psi}_0 = 5{,}065 & s(\psi_0) = 0{,}027 & s^2(\psi_0) = 730 \cdot 10^{-6} \\ \hline \alpha = 13{,}206° & s(\alpha) = 0{,}038° & s^2(\alpha) = 1460 \cdot 10^{-6} \end{array}$$

Vertrauensgrenzen bei $P = 95\,\%$: $\pm 0{,}72 \cdot s(\alpha) = \pm 0{,}027°$.

Vergleich der Drehwert-Ergebnisse

$$\varphi = 2°:\ \alpha = 13{,}198° \pm 0{,}008° \approx 13{,}20° \pm 0{,}01°\ (P = 95\,\%)$$
$$\varphi = 10°:\ \alpha = 13{,}206° \pm 0{,}027° \approx 13{,}21° \pm 0{,}03°\ (P = 95\,\%)$$

Bemerkenswert an den Beispielen ist,

1. daß sich nach Änderung des Halbschattenwinkels φ die Ablesungen um rund 4° verschoben haben, weil der Polarisator um 8° gedreht wurde, während das Halbschattenprisma fest blieb; man darf den Halbschattenwinkel also zwischen den beiden Meßreihen ohne Substanz und mit Substanz nicht verändern;

2. daß die Standardabweichungen und Vertrauensbereiche mit dem größeren Halbschattenwinkel größer geworden sind;

3. daß die Messung ohne Substanz *ohne* vorherige Einjustierung der Skala auf den *Nullpunkt* erfolgt ist. Eine solche Einjustierung erübrigt sich, da ohnehin der Mittelwert der „*Nullpunkte*“ nicht genau Null sein würde, der sogenannte Nullpunkt ist *Bezugspunkt*. Der Drehwert ist die Differenz zwischen den Meßergebnissen ohne Substanz und mit Substanz. Es wäre meßtechnisch sogar anfechtbar, im Falle „ohne Substanz“ nur eine einzige Nullpunktseinstellung der Skala zu machen und die Wiederholungsmessungen auf die eingelegte Substanz zu beschränken. Eine einmalige Nullpunktjustierung könnte, ohne daß man es merkt, die maximale Einzelwertabweichung ins Endergebnis hineinbringen. Also bei Präzisionsmessungen keine Nullpunktseinjustierung! Nur bei Polarimetern mit Digitalanzeige wird der Nullpunkt eingestellt;

4. daß der Halbschattenwinkel sich, wenn er überhaupt verstellbar ist, nach entgegengesetzten Seiten einstellen läßt. Es ist für die Ausrechnung des Drehwertes α bequem, den Halbschattenwinkel so einzustellen, daß die Ablesungen ohne Substanz und die Ablesungen mit Substanz auf derselben Seite von Null liegen.

4.3. Das Biotsche Gesetz

4.3.1. Formulierungen des Biotschen Gesetzes

Die Lösung einer optisch aktiven Substanz mit der Konzentration c g in 100 ml Lösung dreht in einer Polarimeterröhre von der Länge l

um den Winkel

$$\alpha = [\alpha] \cdot \frac{c}{100} \cdot l = [m] \cdot \frac{c \cdot l}{M} \,. \tag{42}$$

l wird in dm gemessen. Betreffs $[m]$ und M siehe (9) auf S. 10. Gleichung (42) ist das Biotsche Gesetz [27]. Man kann also bei gelösten Substanzen mit bekannter spezifischer Drehung $[\alpha]$ die *Konzentration* c bestimmen, wobei zunächst angenommen sei, daß die Temperatur 20° C sei:

$$c = \frac{\alpha}{[\alpha]} \cdot \frac{100}{l} \,. \tag{43}$$

Beispiel: Menthen, gelöst in Äthylalkohol; grünes Quecksilberlicht; $l = 2$ dm; $[\alpha] = 142{,}5$; gemessener Drehwert $\alpha = 14{,}82° \pm 0{,}03°$ (95 % stat. Sicherheit), d.h.

$$c = \frac{14{,}82 \pm 0{,}03}{142{,}5} \cdot \frac{100}{2} = 5{,}20 \pm 0{,}01 \text{ g in 100 ml Lösung.}$$

Andererseits kann man einen unbekannten Wert der spezifischen Drehung ermitteln, wenn man von der Substanz eine Lösung mit bekannter Konzentration von c g in 100 ml bei 20° C ansetzt und mißt. Es gilt dann:

$$[\alpha] = \alpha \cdot \frac{100}{c} \cdot \frac{1}{l} \,. \tag{44}$$

Handelt es sich um die Lösung eines Stoffes, der zu x *Massebruchteilen* $(0 \leqq x \leqq 1)$ eine optisch aktive Substanz enthält und zu $1 - x$ Massebruchteilen optisch inaktive Substanzen, und werden c g dieses zusammengesetzten Stoffes zu 100 ml gelöst, so sind $x \cdot c$ Gramm der optisch aktiven Substanz in 100 ml Lösung enthalten. Die Gleichung

$$\alpha = [\alpha] \cdot \frac{x \cdot c}{100} \cdot l \tag{45}$$

kann man nach x auflösen und erhält die gesuchten Massebruchteile x zu

$$x = \frac{\alpha}{[\alpha]} \cdot \frac{100}{c} \cdot \frac{1}{l} \,. \tag{46}$$

Die Lösung einer optisch aktiven Substanz mit der Konzentration von von p g Substanz in 100 g Lösung dreht in einer Polarimeterröhre von der Länge l dm nach (8) um den Winkel

$$\alpha = [\alpha] \cdot \frac{p}{100} \cdot l \cdot d_S \,, \tag{47}$$

wo d_S die Dichte der Lösung in $\text{g} \cdot \text{cm}^{-3}$ ist. l wird in dm gemessen.

Bei bekannter spezifischer Drehung $[\alpha]$ und nach Messung der Dichte d_S der Lösung mit einem Pyknometer ergibt sich aus dem polarimetrisch gemessenen Drehwert α die Konzentration in g auf 100 g Lösung

$$p = \frac{\alpha}{[\alpha]} \cdot \frac{100}{l} \cdot \frac{1}{d_S}, \tag{48}$$

wobei zunächst die Normaltemperatur 20° C vorausgesetzt sei, sowohl für l und d_S als auch für $[\alpha]$ und α.

4.3.2. Anwendungen des Biotschen Gesetzes

4.3.2.1. Temperaturkorrektion

Wenn die Lösung bei einer von 20° C abweichenden Temperatur $t°$ zubereitet und polarimetriert wird, mißt man einen Drehwinkel $\alpha^{t°}$. Es muß daher vor Anwendung der auf 20° C bezogenen Biotschen Gleichung (43) eine Korrektion K_α am Meßwert $\alpha^{t°}$ angebracht werden. In diesen Korrektionsbetrag gehen die Temperaturkoeffizienten für $[\alpha]$, l und c ein, und zwar ist

$$[\alpha]^{t°} = [\alpha]^{20°} \cdot [1 + u \cdot (t - 20) + v \cdot (t - 20)^2], \tag{49}$$

$$l^{t°} = l^{20°} \cdot [1 + \alpha_l \cdot (t - 20)], \tag{50}$$

$$c^{t°} = c^{20°} \cdot [1 - \beta(t - 20)]. \tag{51}$$

Hierbei sind α_l der Wärmeausdehnungskoeffizient der Röhrenlänge l und β der kubische Ausdehnungskoeffizient des Meßkolbens für die Lösungsbereitung. Bei $c^{t°}$ ist dabei angenommen, daß keine molekular bedingten Änderungen des Volumens eingehen.
Nach dem Biotschen Gesetz (42) ist bei $t°$ C

$$\alpha^{t°} = [\alpha]^{t°} \cdot \frac{c^{t°} \cdot l^{t°}}{100},$$

also mit (49) bis (51):

$$\alpha^{t°} = \alpha^{20°} \cdot [1 + (u + \alpha_l - \beta) \cdot (t - 20) + v \cdot (t - 20)^2]. \tag{52}$$

Die Korrektion wird daher

$$\begin{aligned} K_\alpha &= \alpha^{20°} - \alpha^{t°} \\ &= -\alpha^{t°}[(u + \alpha_l - \beta) \cdot (t - 20) + v \cdot (t - 20)^2]. \end{aligned} \tag{53}$$

Für α_l gelten die Werte der Tabelle 14. β ist $+24 \cdot 10^{-6}$. u und v gehen aus der Tabelle 15 hervor. Hiernach ergeben sich die in Tabelle 16 als $K_\alpha/\alpha^{t°}$ dargestellten Korrektionswerte.

Tabelle 14: Lineare Ausdehnungskoeffizienten von Polarimeterröhren aus verschiedenen Werkstoffen

Werkstoff	Ausdehnungskoeffizient α_l
Röhrenglas	$8 \cdot 10^{-6}$
Duranglas	4
Messing	19
Neusilber	18
V 2 A-Stahl	$12 \cdot 10^{-6}$

Tabelle 15: Temperaturkoeffizienten der spezifischen Drehung $[\alpha]$ verschiedener Zuckerarten in Gleichung (49)

Zuckerart	u	v
Saccharose	$-184 \cdot 10^{-6}$	$+6{,}3 \cdot 10^{-5}$
Glucose	0	0
Invertzucker	$-14700 \cdot 10^{-6}$	0

Tabelle 16: Korrektionskoeffizienten $K_\alpha/\alpha^{t^\circ}$ verschiedener Zuckerarten in Polarimeterröhren aus verschiedenen Werkstoffen nach Gl. (53)

Werkstoff	Saccharose	Glucose	Invertzucker
Röhrenglas	$+[200\,(t-20) - 6{,}3\,(t-20)^2] \cdot 10^{-6}$	$+16\,(t-20) \cdot 10^{-6}$	$+14\,716\,(t-20) \cdot 10^{-6}$
Duranglas	$+[204\,(t-20) - 6{,}3\,(t-20)^2] \cdot 10^{-6}$	$+20\,(t-20) \cdot 10^{-6}$	$+14\,720\,(t-20) \cdot 10^{-6}$
Messing	$+[189\,(t-20) - 6{,}3\,(t-20)^2] \cdot 10^{-6}$	$+5\,(t-20) \cdot 10^{-6}$	$+14\,705\,(t-20) \cdot 10^{-6}$
Neusilber	$+[190\,(t-20) - 6{,}3\,(t-20)^2] \cdot 10^{-6}$	$+6\,(t-20) \cdot 10^{-6}$	$+14\,706\,(t-20) \cdot 10^{-6}$
V2A-Stahl	$+[196\,(t-20) - 6{,}3\,(t-20)^2] \cdot 10^{-6}$	$+12\,(t-20) \cdot 10^{-6}$	$+14\,712\,(t-20) \cdot 10^{-6}$

Mißt man z.B. in einer Duranglasröhre mit aufgelöstem Saccharosebrei den Drehwinkel $\alpha^{t^\circ} = 20{,}16^\circ$ bei der Temperatur 25° C, so ist die Korrektion $K_\alpha = +20{,}16 \cdot (204 \cdot 5 - 6{,}3 \cdot 25) \cdot 10^{-6} = +0{,}02^\circ$ anzubringen, um $\alpha^{20^\circ} = \alpha^{t^\circ} + K_\alpha = 20{,}18^\circ$ zu bekommen.
Mit α^{20° berechnet man dann die gesuchte Konzentration nach (43), d.h. mit

$$c = \frac{\alpha^{t^\circ} + K_\alpha}{[\alpha]^{20^\circ}} \cdot \frac{100}{l^{20^\circ}} = \frac{20{,}18 \cdot 100}{66{,}54 \cdot 2} = 15{,}16 \text{ g/100 ml}.$$

4.3.2.2. Konzentrationskorrektion

Bei der häufig vorkommenden Veränderlichkeit der spezifischen Drehung mit der Konzentration muß in der Gleichung (43) derjenige Wert von $[\alpha]$ eingesetzt werden, der für die zu bestimmende Konzentration gültig ist. Man kennt bei vielen optisch aktiven Substanzen zwar die Abhängigkeit zwischen $[\alpha]$ und c, aber man kennt ja noch gar nicht die Konzentration. Deshalb nimmt man für $[\alpha]$ zunächst einen Wert $[\alpha]_1$

für eine angenommene Konzentration c_1 an, berechnet hiermit ein vorläufiges c_2, ändert nun $[\alpha]$ auf den Wert $[\alpha]_2$ für dieses vorläufige c_2 und berechnet damit ein neues c_3, eventuell in weiteren Schritten.

Beispiel: Cocainchlorhydrat, gelöst in Äthylalkohol:

$$[\alpha] = -67{,}98 + 0{,}1583\ c \text{ (für gelbes Na-Licht bei } 20^\circ \text{ C)},$$

Meßwert bei 20° C (in der Röhre 2 dm): $\alpha = -6{,}13^\circ$,

1. Schritt: $c_1 = 10$ angenommen,

$$[\alpha]_1 = -67{,}98 + 1{,}583 = -66{,}397,$$

$$c_2 = \frac{-6{,}13}{-66{,}397} \cdot \frac{100}{2} = 4{,}62;$$

2. Schritt: $c_2 = 4{,}62$ angenommen,

dafür ist $[\alpha]_2 = -67{,}25$,

$$c_3 = \frac{-6{,}13}{-67{,}25} \cdot \frac{100}{2} = 4{,}56;$$

3. Schritt: $c_3 = 4{,}56$ angenommen,

dafür ist $[\alpha]_3 = -67{,}26$,

$$c_4 = \frac{-6{,}13}{-67{,}26} \cdot \frac{100}{2} = 4{,}557,$$

womit die schrittweise Ausrechnung abgeschlossen ist, weil sich c_4 von c_3 innerhalb der Meßgenauigkeit nicht mehr unterscheidet.

4.3.2.3. Das Biotsche Gesetz bei zwei optisch aktiven Substanzen ohne optisch aktive Beimengungen in Lösung. Anwendung auf ein reaktionskinetisches Problem

Ein mit c g gewogener und in 100 ml Lösung gelöster Stoff bestehe aus zwei optisch aktiven Substanzen mit den spezifischen Drehungen $[\alpha]_1$ und $[\alpha]_2$. Optisch inaktive Bestandteile seien in dem gelösten Stoff nicht vorhanden. Polarimetrisch läßt sich ermitteln, mit welchen Massenanteilen x_1 und $x_2 = 1 - x_1$ die beiden optisch aktiven Bestandteile in dem aufgelösten Stoffe enthalten sind.

Die gemessene Drehung α im Biotschen Gesetz (45) setzt sich additiv zusammen gemäß

$$\alpha = \{[\alpha]_1 \cdot x_1 + [\alpha]_2 \cdot x_2\} \cdot \frac{c \cdot l}{100} = \{\alpha\} \cdot \frac{c \cdot l}{100}, \tag{54}$$

wobei $x_2 = 1 - x_1$ ist.

Man kann x_1 und x_2 folgendermaßen berechnen:

$$\{\alpha\} = \alpha \cdot \frac{100}{c \cdot l}, \tag{55}$$

$$x_1 = \frac{\{\alpha\} - [\alpha]_2}{[\alpha]_1 - [\alpha]_2}, \qquad x_2 = 1 - x_1. \tag{56}$$

Beispiel:

$c = 26$ g, gelöst in 100 ml, bestehend aus $x_1 \cdot c$ Saccharose und $x_2 \cdot c$ Glucose ohne Beimengungen, $l = 2$ dm, grünes Hg-Licht (546,1 nm),

Saccharose $[\alpha]_1 = +78{,}344$, Glucose $[\alpha]_2 = +62{,}24$.

Meßwert: $\alpha = +34{,}36° \pm 0{,}02°$.

Berechnung: Nach (55):

$$\{\alpha\} = (34{,}36 \pm 0{,}02) \cdot \frac{100}{26} \cdot \frac{1}{2} = 66{,}08 \pm 0{,}04,$$

nach (56):

$$x_1 = \frac{(66{,}08 \pm 0{,}04) - 62{,}24}{78{,}344 - 62{,}24} = 0{,}239 \pm 0{,}003,$$

$$x_2 = 0{,}761 \pm 0{,}003.$$

Exakte Temperaturkorrektionen würden hierbei ziemlich schwierig zu bestimmen sein. Es empfiehlt sich daher, die Lösungsbereitung und das Polarimetrieren bei 20° C vorzunehmen, letzteres also mit einer Thermostatenröhre.

Mit einer veränderlichen Lösung von zwei optisch-aktiven Substanzen hat man es z.B. bei der *Rohrzuckerinversion* zu tun. Eine wäßrige Rohrzuckerlösung hydrolysiert bei hinreichend hoher Wasserstoffionen-Konzentration, es entsteht aus dem rechtsdrehenden Rohrzucker linksdrehender Invertzucker. Im Laufe der Hydrolyse nimmt die Rechtsdrehung ständig ab und geht in immer stärkere Linksdrehung über. Die Reaktionsgeschwindigkeit ist proportional der jeweiligen Rohrzucker-Konzentration. Man kann polarimetrisch den Reaktionsablauf verfolgen. Die Reaktionsgeschwindigkeit ist dabei temperaturabhängig. Aufgrund dieser letzteren Tatsache bedienten sich W. Schmitz und E. Volkert [94], [95] der Polarimetrie (nach einem von Pallmann [85], [86] angeregten Gedanken) für geländeklimatologische und *reaktionskinetische* Untersuchungen.

4.3.2.4. Das Biotsche Gesetz bei Lösungen aus zwei optisch aktiven Substanzen mit optisch inaktiven Beimengungen

Der aufgelöste Stoff enthalte x_1 Anteile der bekannten optisch-aktiven Substanz 1, x_2 Anteile der bekannten optisch-aktiven Substanz 2 und $[1 - (x_1 + x_2)]$ Anteile optisch-inaktiver Beimengungen. c g des so zusammengesetzten Stoffes seien in 100 ml Lösung enthalten.

Um x_1 und x_2 zu bestimmen, polarimetriert man bei zwei möglichst verschiedenen Wellenlängen λ_a und λ_b, bei denen die spezifischen Drehungen der optisch-aktiven Substanz 1

$$[\alpha]_{1a} \quad \text{und} \quad [\alpha]_{1b},$$

diejenigen der optisch aktiven Substanz 2

$$[\alpha]_{2a} \quad \text{und} \quad [\alpha]_{2b}$$

seien.

Die polarimetrierte Lösung liefert bei der Wellenlänge λ_a den Drehwinkel α_a, bei der Wellenlänge λ_b den Drehwinkel α_b. Man berechnet dann zunächst nach (44)

$$[\alpha]_a = \alpha_a \cdot \frac{100}{c \cdot l}, \tag{57}$$

$$[\alpha]_b = \alpha_b \cdot \frac{100}{c \cdot l}. \tag{58}$$

x_1 und x_2 lassen sich aus den beiden Gleichungen

$$x_1 \cdot [\alpha]_{1a} + x_2 \cdot [\alpha]_{2a} = [\alpha]_a, \tag{59}$$

$$x_1 \cdot [\alpha]_{1b} + x_2 \cdot [\alpha]_{2b} = [\alpha]_b \tag{60}$$

gewinnen.

Beispiel:

Wellenlängen: $\lambda_a = 578{,}0$ nm, $\lambda_b = 435{,}8$ nm,

optisch aktive Substanz 1: $[\alpha]_{1a} = +63{,}47$, $[\alpha]_{1b} = +128{,}49$,

optisch aktive Substanz 2: $[\alpha]_{2a} = +22{,}5$, $[\alpha]_{2b} = +37{,}5$

$c = 25{,}000$ g (100 ml); $l = 2$ dm;

gemessene Drehung: $\alpha_a = 9{,}48° \pm 0{,}02°$, $\alpha_b = 16{,}32° \pm 0{,}02°$

$$[\alpha]_a = (\;9{,}48 \pm 0{,}02) \cdot \frac{100}{25 \cdot 2} = 18{,}96 \pm 0{,}04,$$

$$[\alpha]_b = (16{,}32 \pm 0{,}02) \cdot \frac{100}{25 \cdot 2} = 32{,}64 \pm 0{,}04,$$

$$63{,}47\,x_1 + 22{,}5\,x_2 = 18{,}96 \pm 0{,}04$$

$$128{,}49\,x_1 + 37{,}5\,x_2 = 32{,}64 \pm 0{,}04$$

$$x_1 = 0{,}047 \pm 0{,}003, \quad x_2 = 0{,}711 \pm 0{,}008.$$

Diese Methode setzt allerdings voraus, daß die beiden optisch aktiven Substanzen genügend unterschiedliche Rotationsdispersionen haben. Handelt es sich um Glucose und Saccharose, so sind die Rotationsdispersionen so wenig verschieden, daß die Methode nicht zu brauchbaren Ergebnissen führt.

4.3.2.5. Polarimetrischer Nachweis von Verunreinigungen optisch aktiver Stoffe

Beispiel: Glucose, $\lambda = 546{,}1$ nm, $[\alpha] = 62{,}24$, $c = 26{,}000$ g/100 ml in aqu. dest. Reine Glucose dreht im 2-dm-Rohr um $32{,}36° \pm 0{,}02°$. Die gemessene Drehung beträgt aber nur $31{,}16° \pm 0{,}02°$.

Wenn die Verunreinigung optisch *inaktiv* ist, so besteht die gelöste optisch aktive Substanz nur aus Glucose, und zwar $\frac{31,16}{32,36} \cdot 26 = 25{,}035$ g Glucose, also beträgt die Verunreinigung $\frac{0,965}{26} = 3{,}7\,\%$. Dieselbe Feststellung ergäbe sich für jede andere Wellenlänge, wenn die Verunreinigung optisch inaktiv ist. Wenn sich aber bei einer anderen Wellenlänge, z.B. $\lambda = 435{,}8$ nm, ein wesentlich anderer Verunreinigungsgrad ergibt, so enthält die Verunreinigung optisch *aktive* Bestandteile.
Die Polarimetrie in zwei möglichst verschiedenen Wellenlängen ist besonders dann nützlich, wenn die Verunreinigung bei der einen Wellenlänge annähernd dieselbe spezifische Drehung hat wie die reine Substanz.

Beispiel:

	λ	546,1 nm	435,8 nm	c
Substanz:	$[\alpha]_1$	62,24 nm	103,22 nm	25,0
Verunreinigung:	$[\alpha]_2$	62,24 nm	122,48 nm	1,0
	$l = 2$ dm			

Meßwerte:

$\alpha_{546,1} = 32{,}36° \pm 0{,}02$ bei der reinen und verunreinigten Substanz,

$\alpha_{435,8} = 54{,}06 \pm 0{,}02$ bei der verunreinigten Substanz,

$\alpha_{435,8} = 53{,}67° \pm 0{,}02$ bei der reinen Substanz.

Die *Nachweisbarkeitsgrenze* von Verunreinigungen ist primär von der Meßgenauigkeit des Drehwinkels abhängig. Dafür nehmen wir im folgenden $\pm 0{,}02°$ an.

Fall 1. Die Verunreinigung sei optisch *inaktiv*.

Gemessen wird nur bei *einer* Wellenlänge λ.
Die Konzentration des verunreinigten gelösten Stoffes ist

$$c = c_{\text{aktiv}} + c_{\text{inaktiv}}.$$

Es ist daher die Drehung

$$\alpha_{\text{verunreinigt}} = [\alpha] \cdot \frac{c_{\text{aktiv}} \cdot l}{100} \pm 0{,}02° \tag{61}$$

statt

$$\alpha_{\text{rein}} = [\alpha] \cdot \frac{c \cdot l}{100} \pm 0{,}02°. \tag{62}$$

Daher ist

$$\begin{aligned} \alpha_{\text{rein}} - \alpha_{\text{verunreinigt}} &= [\alpha] \cdot \frac{l}{100}(c - c_{\text{aktiv}}) \pm 0{,}03° \\ &= [\alpha] \cdot \frac{l}{100} \cdot c_{\text{inaktiv}} \pm 0{,}03°. \end{aligned} \tag{63}$$

Mithin ist

$$\frac{c_{\text{inaktiv}}}{c_{\text{aktiv}}} \geqq \frac{0{,}06 \cdot 100}{[\alpha] \cdot l \cdot c} = \frac{0{,}06}{\alpha_{\text{rein}}}$$

der nachweisbare Verunreinigungsgrad der aufgelösten optisch aktiven Substanz. Um geringere Verunreinigungsgrade nachzuweisen, muß man also für möglichst große Drehwinkel sorgen, d. h. mit möglichst langen Röhren messen.

Fall 2. Die Verunreinigung sei auch optisch *aktiv*, und zwar sei als besonders kritisch angenommen, daß die Verunreinigung bei der Wellenlänge λ_a dieselbe spezifische Drehung habe wie die reine Substanz, $[\alpha]_a$. Die Konzentration des verunreinigten gelösten Stoffes ist

$$c = c_1 + c_2,$$

bei der Wellenlänge λ_a ist die Drehung nach (57)

$$\alpha_a = [\alpha]_a \cdot \frac{c \cdot l}{100} \pm 0{,}02° \tag{64}$$

dieselbe für die reine Substanz und für die verunreinigte Substanz; bei der Wellenlänge λ_b ist sie nach (58)

$$\alpha_b = \frac{l}{100} \cdot (c_1 \cdot [\alpha]_{1b} + c_2 \cdot [\alpha]_{2b}) \pm 0{,}02°. \tag{65}$$

Wäre der gelöste Stoff rein, so wäre nach (58)

$$\alpha_{b0} = \frac{l}{100} \cdot [\alpha]_{1b} \cdot c \pm 0{,}02°, \tag{66}$$

wenn $[\alpha]_1$ die spezifische Drehung der reinen Substanz ist.
Es ist daher

$$\alpha_{b0} - \alpha_b = \frac{l}{100} \cdot (c \cdot [\alpha]_{1b} - c_1 [\alpha]_{1b} - c_2 \cdot [\alpha]_{2b}) \pm 0{,}03°. \tag{67}$$

Mit $c_1 = c - c_2$ wird

$$\alpha_{b0} - \alpha_b = \frac{l}{100} \cdot c_2([\alpha]_{1b} - [\alpha]_{2b}) \pm 0{,}03°. \tag{68}$$

Daraus folgt

$$c_2 \geqq \frac{0{,}06 \cdot 100}{l \cdot ([\alpha]_{1b} - [\alpha]_{2b})} \tag{69}$$

und für den *nachweisbaren* Verunreinigungsgrad

$$\frac{c_2}{c} \geqq \frac{0{,}06 \cdot [\alpha]_a}{\alpha_a ([\alpha]_{1b} - [\alpha]_{2b})}. \tag{70}$$

Der Nachweis der Verunreinigung mit einer optisch *aktiven* Fremdsubstanz ist also um so leichter, je verschiedener die Rotationsdispersionen der reinen Substanz und der Fremdsubstanz sind und je mehr sich die Wellenlängen λ_a und λ_b unterscheiden.

Beispiel:

Wellenlänge	reine Substanz (1)	Verunreinigung (2)
	$[\alpha]$	
λ_a	60	60
λ_b	110	90

Drehwinkel bei λ_a; $\alpha_a = 20°$.

$\frac{c_2}{c} \geq \frac{0,06 \cdot 60}{20 \cdot 20} = 0,01$ (*nachweisbarer* Verunreinigungsgrad). Über Verunreinigungsbestimmung durch Differenzmessung vgl. S. 92.

4.3.2.6. Gültigkeit des Biotschen Gesetzes

Das Biotsche Gesetz, auf dem die polarimetrische Konzentrationsanalyse beruht, gilt nur, wenn die Moleküle der optisch aktiven Stoffe nicht untereinander oder mit Molekülen der Lösungsmittel Wechselwirkungen haben. Infolgedessen muß häufig die Konzentration c genügend niedrig gewählt werden. Abweichungen vom Biotschen Gesetz beruhen u.a. auf molekularen Modifikationen, z.B. Polymerisation. Bei Substanzen, die gegen das Biotsche Gesetz verstoßen, ist die Messung der Rotationsdispersion oft von Nutzen.

4.3.3. Vermeidung von zeitraubenden Berechnungen nach dem Biotschen Gesetz

Im Routineeinsatz der Polarimetrie ist das Ausrechnen von c bzw. x nach dem Biotschen Gesetz unnötig zeitraubend und fehlergefährdet. Auch Tabellen sind unbequem. Deshalb gibt es für häufig zu untersuchende aktive Stoffe instrumentelle Sonderausführungen, bei denen die Ablesung gleich c bzw. x liefert oder einen Wert, der nur noch mit einem einfachen Faktor (2 oder ½) zu multiplizieren ist.

4.3.3.1. Prozentbeobachtungsröhren

Wenn der gemessene Drehwinkel α gleich der gesuchten Konzentration c sein soll, so ist das mit Prozentbeobachtungsröhren möglich. Aus dem Biotschen Gesetz (43) folgt für $c = \alpha$ die Länge l_P der Prozentbeobachtungsröhre (in dm):

$$l_P = \frac{100}{[\alpha]}. \tag{71}$$

Beispiele sind in Tabelle 17 angeführt:

Tabelle 17: Längen l_P der Prozentbeobachtungsröhren für Glucose und Saccharose bei den Wellenlängen λ für 20° C.

Zucker	Wellenlänge λ in nm	spezifische Drehung $[\alpha]$	Röhrenlänge l_P in mm
Glucose	589,3 546,1	+ 52,72 + 62,24	189,68 160,67
Saccharose	589,3 546,1	+ 66,52 + 78,34	150,33 127,65

Prozentbeobachtungsröhren sind stets nur für *einen* ganz bestimmten optisch aktiven Stoff, also z.B. Saccharose oder Glucose, anwendbar und für *eine* bestimmte Wellenlänge.

4.3.3.2. Tropenröhren

In den Tropen gilt als durchschnittliche Temperatur 27,5° C. Um ständige Temperaturkorrektionen auf 20° C zu ersparen, ist daher eine Röhrenlänge l_T (bei 20° C) zweckmäßig, die bei 27,5° C denselben Meßwert liefert wie die Röhrenlänge l bei 20° C.
Bei Saccharosebestimmungen in tropischen Zuckerfabriken geht mit der normalen Röhre ein niedrigerer Drehwert ein, also muß $l_T > l$ sein. Die Korrektion von $\alpha^{27,5°}$ auf $\alpha^{20°}$ beträgt nach Tabelle 16 für Duranröhren:

$$K_\alpha = +0{,}001175 \cdot \alpha^{t°}, \tag{72}$$

es muß also l_T um $1^0/_{00}$ länger sein als l, und zwar bei 20° C, dann ist keine Temperaturkorrektion von 27,5° C auf 20° C erforderlich, lediglich sind größere Temperaturabweichungen gegen 27,5° C zu berücksichtigen. Die Tropenröhre mit der Nennlänge 2 dm hat bei 20° C die wahre Länge 2,002 dm.

4.3.3.3. Zuckerskala (° S)

Die Zuckerskala gestattet ohne Umrechnungen die Direktablesung des Zuckergehaltes in zuckerhaltigen Substanzen. Darüber wird auf S. 119ff. ausführlich berichtet.

4.3.4. Bestimmung kleinster Konzentrationen mit Präzisionspolarimetern

Die Standardabweichung $s(\alpha)$ in der Messung des Drehwinkels α einer optisch aktiven Substanz setzt sich zusammen aus den Standardabweichungen $s(\psi_0)$ der Nullpunktsablesung ψ_0 und $s(\psi)$ der Drehwertsablesung ψ (siehe die Beispiele auf S. 47ff.). Jede dieser Abweichungen ist vom Halbschattenwinkel φ und vom nicht völlig vermeidbaren

Falschlicht in den optischen Teilen des Polarimeters, speziell der Polarisationselemente, abhängig. Diese Abhängigkeit bei guten Polarimetern zeigt Tabelle 18.

Tabelle 18: Standardabweichungen $s(\alpha)$ der optischen Drehung α bei verschiedenen Halbschattenwinkeln φ

Halbschatten-winkel φ	Standard-abweichung $s(\alpha)$
15°	0,060°
14°	0,055°
12°	0,045°
10°	0,036°
8°	0,028°
6°	0,021°
4°	0,016°
3°	0,013°
2°	0,010°
1°	0,009°
0,5°	0,013°

Die Standardabweichung $s(\alpha)$ der Drehung α ist in Prozent des Drehwinkels α ausdrückbar. In dem beistehenden Nomogramm III (Abb. 29)

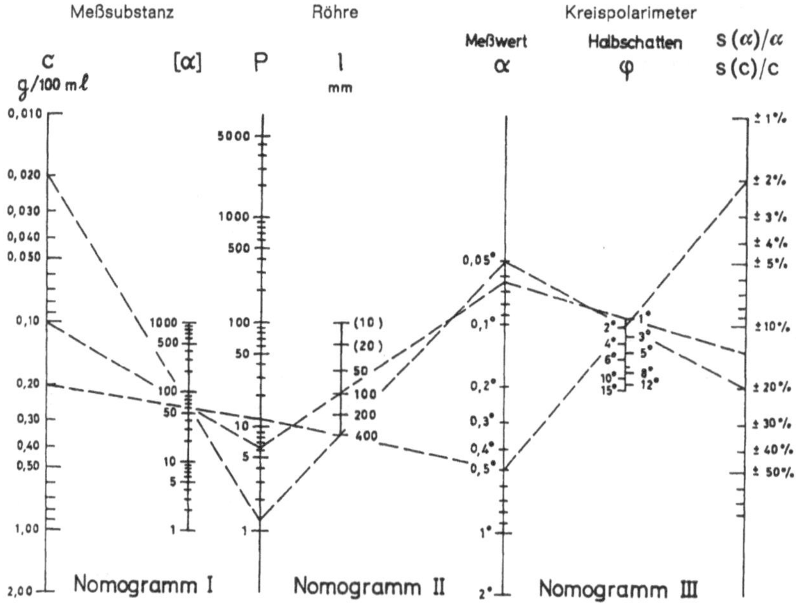

Abb. 29: Nomogramme zur Diskussion der polarimetrischen Einstellgenauigkeit in Abhängigkeit vom Halbschattenwinkel φ, von der Röhrenlänge l und der spezifischen Drehung $[\alpha]$. Erklärung siehe Text.

lassen sich die prozentualen Standardabweichungen des Drehwinkels α leicht ablesen. Man braucht nur in der Leiter α den Drehwinkel aufzusuchen, diesen Punkt nach rechts mit dem Wert des Halbschattenwinkels in der φ-Leiter geradlinig zu verbinden und liest dann in der Verlängerung auf der rechten Leiter den prozentualen Wert $s(\alpha)/\alpha$ ab. Im Nomogramm III ist dies z.B. für $\alpha = 0{,}05°$ und $\varphi = 2°$ dargestellt. Auf der rechten Leiter trifft die Verbindungsgerade auf den prozentualen Wert 20 %, d.h. $s(\alpha) = 0{,}01°$. Man kann einen beliebigen anderen Punkt auf der α-Leiter ebenfalls mit dem Punkt 2° der φ-Leiter verbinden, z.B. den Wert $\alpha = 0{,}5°$, und kommt dann auf 2 %, d. h. ebenfalls $s(\alpha) = 0{,}01°$. Würde man den Halbschattenwinkel $\varphi = 10°$ wählen, so findet man $s(\alpha) = 0{,}04°$ (genauer 0,036° nach obiger Tabelle 18). Es erhebt sich nun zunächst folgende Frage: wie genau wird eine Konzentrationsbestimmung unter Anwendung des Biotschen Gesetzes $c = \frac{\alpha}{[\alpha]} \cdot \frac{100}{l}$, wobei l die Röhrenlänge in dm, $[\alpha]$ die spezifische Drehung und c die Konzentration in $g/100$ ml sind? Die Standardabweichung $s(c)$ der Konzentration c ist durch die Standardabweichung $s(\alpha)$ bestimmt. Dann ist also der prozentuale Fehler in der gesuchten Konzentration c ebenso groß wie der prozentuale Fehler im Winkel α. Deshalb ist im Nomogramm III die rechte Leiter auch mit $s(c)/c$ überschrieben.

Die folgende Frage ist von großer praktischer Bedeutung: Welche kleinste Konzentration c läßt sich beispielsweise mit einem Kreispolarimeter 0,01° eben noch messen? Man wird dazu eine möglichst lange Röhre, z.B. von 4 dm = 400 mm, wählen und einen kleinen Drehwinkel, etwa 0,05° annehmen. Bei einem noch kleineren Drehwinkel α würden die prozentualen Fehler zu groß werden. Obige Frage ist aus dem Nomogramm II zu beantworten. Der Leiterpunkt $\alpha = 0{,}05°$ wird nach links geradlinig verbunden mit dem Leiterpunkt 400 der l-Leiter. Die verlängerte Verbindungsgerade schneidet die P-Leiter im Punkt 1,3. Dieser Wert 1,3 ist ein Parameter P, und zwar das Produkt aus der Konzentration c und der spezifischen Drehung $[\alpha]$, also $P = c \cdot [\alpha]$. In dem im Nomogramm I gezeichneten Beispiel würde zu $P = 1{,}3$ bei $[\alpha] = 65$ der Wert 0,020 g/100 ml auf der c-Leiter gehören. Dies ist also mit $\alpha = 0{,}05°$ und $l = 400$ mm die kleinste noch nachweisbare Konzentration im Falle der spezifischen Drehung 65. Da sich die prozentuale Unsicherheit bei $\varphi = 2°$ und $\alpha = 0{,}05°$ gemäß Nomogramm III zu 20 % ergibt, beträgt die Standardabweichung des Konzentrationswertes 20 % von 0,020, d.h. $s(c) = 0{,}004$ g/100 ml.

Die Nomogramme beantworten also in anschaulicher Weise Fragen nach Meßbarkeit und Meßgenauigkeit.

Da der Parameter P als Faktor die spezifische Drehung enthält, so ist ohne Schwierigkeit einzusehen, daß bei größeren spezifischen Drehungen entsprechend kleinere Konzentrationen nachweisbar sind. Wenn man also besonders niedrige Konzentrationen nachweisen will, so kann es eventuell von Vorteil sein, bei Licht kürzerer Wellenlänge zu polarimetrieren, weil im Falle normaler Rotationsdispersion die spezifische Drehung mit kürzerer Wellenlänge in sehr merklicher Weise zunimmt. Dies läßt sich am Nomogramm I anschaulich erkennen.

Die Nomogramme beantworten auch viele andere Fragen, insbesondere zeigt Nomogramm III die Erhöhung der Meßfehler für größere Halbschattenwinkel φ und Nomogramm I mit II die Verlagerung der Meßbarkeitsgrenze nach höheren Konzentrationen bei kürzeren Röhren.

Wichtig ist die Feststellung, daß bei Forderung nach einer sehr geringen prozentualen Meßunsicherheit zunächst darauf geachtet werden muß, daß die Drehwerte α genügend groß werden; beispielsweise würde man mit dem Halbschattenwinkel $\varphi = 2°$ und der geforderten prozentualen Genauigkeit $\pm 2\,\%$ den Drehwinkel α nicht unter 0,5° messen dürfen, wie aus dem Nomogramm III hervorgeht, wenn man auf der rechten Leiter den Punkt 2 % mit dem Punkt 2° der φ-Leiter verbindet. Verbindet man nun im Nomogramm II den Wert $\alpha = 0{,}5°$ mit dem Punkt 400 der l-Leiter, so findet man in der P-Leiter den Wert 13. Wieder das spezifische Drehungsvermögen $[\alpha] = 65$ angenommen, ist nach Nomogramm I in diesem Falle die nachweisbare Konzentration auf 0,20 g/100ml nach unten begrenzt, nach Nomogramm III mit einem Fehler von $2\,\% \mathrel{\hat{=}} 0{,}004$ g.

Man kann die instrumentellen Bedingungen (Röhrenlänge, Halbschattenwinkel) aus den Nomogrammen ableiten, wenn eine Konzentration von etwa bekannter Größenordnung möglichst genau gemessen werden soll. Wenn man weiß, daß die Konzentration c des Stoffes mit bekannter spezifischer Drehung $[\alpha]$, beispielsweise $[\alpha] = 65$, etwa bei $c = 0{,}1$ g/100 ml liegt, so fluchtet man zunächst im Nomogramm I von $c = 0{,}10$ über $[\alpha] = 65$ bis zum Parameter $P = 6{,}5$ und sucht dazu im Nomogramm II eine Röhrenlänge, mit der sich zunächst ein kleiner Drehwinkel α, z.B. etwa 0,05° ergibt, indem man $P = 6{,}5$ mit $\alpha = 0{,}05°$ verbindet. Man findet dann $l = 100$ mm als nächsten Wert. Man darf also mit keiner kürzeren Röhre polarimetrieren. Wenn es die Menge der Untersuchungssubstanz und die Lichtdurchlässigkeit erlauben, greift man eher zu einer noch längeren Röhre, 200 oder gar 400 mm, weil man dann größere Drehwinkel α mißt, wie es das Nomogramm III zeigt, zu kleineren prozentualen Meßfehlern kommt bzw. mit größeren Halbschattenwinkeln φ arbeiten darf. Von $P = 6{,}5$ über $P = 100$ mm fluchtet man $\alpha = 0{,}065°$, von dort über den Halbschattenwinkel $\varphi = 1°$ bis $s(c)/c = 13\,\%$. Würde man mit der Röhre $l = 200$ mm arbeiten, so wäre $\alpha = 0{,}13°$, woraus mit $\varphi = 1°$ dann $s(c)/c = 6{,}5\,\%$ folgt. Will man mit $s(c)/c = 10\,\%$ zufrieden sein, so darf bei der Röhrenlänge 200 mm der Halbschattenwinkel auf $\varphi = 3{,}5°$ vergrößert werden.

Der polarimetrierende Chemiker wird diese Nomogramme mit Nutzen insbesondere zu Rate ziehen, wenn seine Messungen an der Grenze der Meßbarkeit liegen.

5. Beschreibung von Polarimetern

5.1. Visuelle Kreispolarimeter

5.1.1. Kreispolarimeter für einfache Drehwinkelmessungen

Der optische Aufbau geht aus der schematischen Abb. 21 auf S. 32 hervor. Die Lichtquelle 1 (mattierte Glühlampe oder Entladungslampe) wird über ein Farbfilter 2 (Farbglas oder Interferenzfilter) durch die Beleuchtungslinse 3 auf der Aperturblende AB abgebildet. Die Meßfeldblende MB wird durch das Objektiv 7 in die Okularblende 8 abgebildet, auf die das Okular 9 scharf eingestellt wird. Durch Objektiv 7 und Okular 9 wird die Blende AB in der Austrittspupille 10 abgebildet, wo sich das Auge der Meßperson befindet. Bei 4 steht der Polarisator, fast stets ein Polarisationsfilter, bei 6 der Analysator, auch ein Polarisationsfilter. In der Nähe der Blende MB befindet sich das (in der Abb. 22 nicht gezeichnete) Halbschattenelement (Laurentsches Quarzplättchen, vgl. Abb. 27 auf S. 42), dessen Kante als Trennungslinie im Meßfeld scharf gesehen wird. Zwischen den beiden Blenden wird die Polarimeterröhre 5 eingelegt. Der Analysator ist um die optischen Achse drehbar, mit ihm dreht sich ein Teilkreis, der mit einem Nonius oder Mikrometer abgelesen wird. Der Teilkreis ist in ganzen Graden von 0° bis 360° unterteilt, Nonius oder Mikrometer gestattet, Zehntelgrade abzulesen.

Wenn eine Standardabweichung von einigen Hundertstelgrad tolerierbar ist, so braucht der Halbschattenwinkel φ (vgl. Tab. 12 auf S. 39) nicht besonders klein zu sein, liefert also ein relativ helles Meßfeld $\left(\sim \sin^2 \frac{\varphi}{2}\right)$, meistens ist der Halbschattenwinkel bei diesen einfachen Polarimetern fest (zwischen 7° und 10°).

Nach diesem Prinzip sind die sogenannten Mitscherlich-Polarimeter gebaut. Früher wurde die Lichtquelle getrennt in etwa 20 cm Entfernung aufgestellt, man mußte sie dann immer nach Höhe und Seite so anordnen, daß die Aperturblende AB voll mit Licht ausgefüllt war. Heute ist das Lampengehäuse im allgemeinen am Polarimeter angebaut.

Moderne Ausführungsformen entsprechen dem Wunsch nach bequemerem Arbeiten dadurch, daß einerseits das Gerät für Schrägeinblick ins Okular auch schräg angeordnet ist, andererseits die Ableseskala in einem Teilausschnitt der Okularblende abgebildet wird, so daß das Auge eine gemeinsame Einblicköffnung für die Beobachtungen des Einstellfeldes und des Ablesefeldes hat (Innenablesung nach Abb. 17). Ein Beispiel dafür ist das *Kreispolarimeter* 0,05° von Carl Zeiss (Abb. 30). Hier ist zudem die Lichtquelle im Gehäuse des Gerätes eingebaut. Als Lichtquelle kann wahlweise eine Glühlampe oder eine Na-Lampe (letztere mit Vorschaltdrossel) leicht wechselbar eingesetzt werden. Ein Interferenzbandfilter mit dem Durchlässigkeitsmaximum bei 589 nm mono-

Abb. 30: Kreispolarimeter 0,05° (Werkfoto Carl Zeiss)

chromatisiert das Glühlampenlicht in für einfache Drehwinkelmessungen ausreichendem Maße und hat eine gegenüber Glasfiltern merklich höhere Durchlässigkeit und dennoch engere Halbwertsbreite. Mit Interferenzfilter läßt sich auch bei größeren Drehwinkeln noch eine ausreichende Meßgenauigkeit erzielen, während mit Glasfiltern von vergleichbar enger Halbwertsbreite ziemlich starke Absorptionsverluste verbunden wären. Da ein Laurentsches Quarzplättchen für 589 nm als Halbschattenelement benutzt wird, ist nur in gelbem Licht zu polarimetrieren, für das das Quarzplättchen in seiner Dicke abgestimmt ist. Als weitere Maßnahme zur Erhöhung des Bedienungskomforts ist zu erwähnen, daß das Halbschattenelement bei den Kreispolarimetern der Abb. 30 analysatorseitig angeordnet ist. Das Schema des optischen Aufbaus ist in der Abb. 22 auf S. 32 dargestellt, allerdings ohne Einzeichnung des Halbschattenelements bei MB. Dadurch braucht das Okular zwischen den Beobachtungen ohne Lösung und mit Lösung auf Schärfe der Trennungslinie überhaupt nicht umfokussiert zu werden. Allerdings dreht sich mit dem Analysator auch das Halbschattenelement, weil der Halbschattenwinkel derselbe ohne Lösung und mit Lösung bleiben muß. Es dreht sich also auch die Trennungslinie. Dies ist insofern angenehm, als sich sofort der Drehungssinn erkennen läßt (Rechts- bzw. Linksdrehung).

Manche Polarimeter haben neben der 360°-Teilung noch eine Teilung nach internationalen Zuckergraden (° S) mit einem besonderen Nonius oder Mikrometer.
Vom gleichen Typ ist das handliche und kleine *Prozentpolarimeter* von Carl Zeiss (Abb. 31), das z.B. von Diabetikern zur täglichen Kontrolle

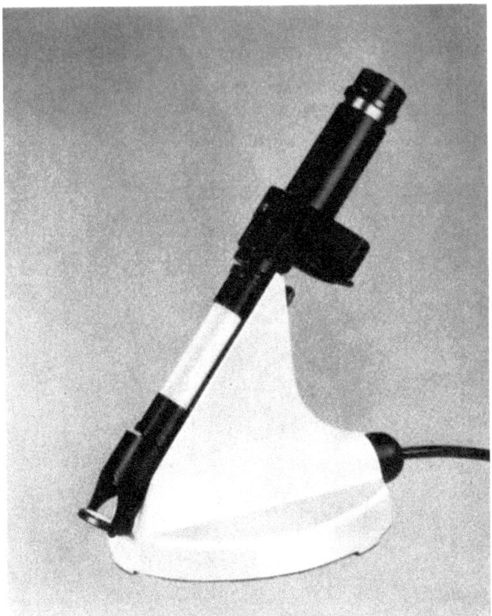

Abb. 31: Prozentpolarimeter (Werkfoto Carl Zeiss)

des Harnzuckers verwendet wird. Die Skala ist deshalb direkt in Glucose-Prozenten unterteilt und gestattet Ablesungen bis zu 0,1 % Zucker. Der Meßbereich ist auf einen Sektor beschränkt, der von vorkommenden Meßwerten auf keinen Fall überschritten wird. Beleuchtet wird mit einem Glühlämpchen und Interferenz-Grünfilter. Da die Drehung im grünen Licht größer ist als im gelben Licht, kann mit kurzer Polarimeterröhre gearbeitet werden, was bei dunklem Harn vorteilhaft ist.

5.1.2. Kreispolarimeter für präzise Drehwinkelmessungen (Lippich-Polarimeter)

Die optische Anordnung ist grundsätzlich die gleiche wie bei den Polarimetern des vorangegangenen Abschnittes. Konstruktive Verfeinerungen sind jedoch wegen der höheren Ansprüche an Meßgenauigkeit vorhanden. Das Halbschattenelement ist vom Lippich-Typ (Abb. 26 auf S. 41). Daher kann mit Licht beliebiger Schwerpunktswellenlänge polarimetriert werden. Die erforderliche sehr hohe Monochromasie wird vorzugsweise

durch Entladungslampen mit Linienspektrum ohne kontinuierlichen Untergrund gewährleistet (am besten Hg und Na), wobei durch verschiedene Doppelband-Interferenzfilter (vgl. S. 26), die in einer Revolverscheibe enthalten sind, wahlweise verschiedene Spektrallinien ausgewählt werden können. Der Halbschattenwinkel ist innerhalb eines Bereiches von etwa —15° bis +15° beliebig einstellbar. Der Teilkreis für die Drehwinkelablesungen ist entsprechend fein unterteilt (z.B. in Fünftelgrad-Intervallen) und wird an zwei gegenüberliegenden Stellen (z.B. mit Zwanzigstel-Nonius) abgelesen.
Als neuzeitliche Konstruktion eines Lippich-Polarimeters ist das *Kreispolarimeter* 0,01° von Carl Zeiss in Abb. 32 dargestellt. Es steht

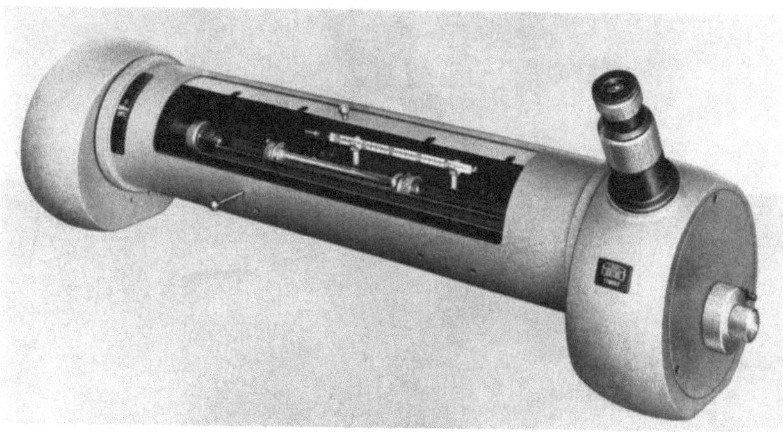

Abb. 32: Kreispolarimeter 0,01° (Werkfoto Carl Zeiss)

nicht so hoch über dem Arbeitstisch wie ältere Geräte, sondern liegt niedrig und quer vor der Meßperson, so daß alle Bedienungshandgriffe bequem im Sitzen zugänglich sind. Der Feintrieb ist koaxial zum Grobtrieb gelagert und hat keinen Anschlag. Grobtrieb und Feintrieb lassen sich bei ruhiger Tischauflage der Hand betätigen. Das Schrägeinblickokular enthält das Meßfeld und mit Innenablesung in adaptationssicherer Rotbeleuchtung die beiden Ablesefelder stets aufrecht und mit in gleicher Richtung ansteigenden Bezifferungen. Mit diesem Gerät ist die erstrebte Genauigkeitsgrenze visuellen Polarimetrierens sicher erreichbar (±0,005°).
Vom Lippichtyp gibt es auch vereinfachte Ausführungen für mittlere Meßgenauigkeit, bei der man dann mit nur einer Ablesestelle auskommt, wodurch das Gerät merklich billiger wird, weil es einen weniger fein geteilten Kreis hat und nicht so hohen Justieraufwand erfordert wie das Präzisionsgerät.

5.1.3. (Siehe Tabelle 19 auf S. 68)

5.2. Photoelektrische Polarimeter

5.2.1. Der Weg zur photoelektrischen Polarimetrie

Die optische Drehung in Spektralbereichen außerhalb des sichtbaren Spektrums ist besonders im Ultraviolett von großer Bedeutung, wie schon im Abschnitt über die anomale optische Rotationsdispersion (S. 15) angedeutet wurde. Dies galt schon zu einer Zeit, als die photoelektrische Meßtechnik noch nicht ernsthaft in Betracht gezogen werden konnte. Damals war man auf *photographische* und *thermoelektrische* (bolometrische) Verfahren angewiesen. Die Photographie ist polarimetrisch von etwa 250 nm bis 1200 nm anwendbar, die Bolometrie im Infrarot.

Das *photographische* Polarimeter nach BRUHAT und PAUTHENIER [32] war eines der letzten dieser Art. Das Polarimeter hatte eine Eintrittsblende, die über einen Doppelmonochromator beleuchtet wurde. Diese Blende wurde durch das Polarimeter auf einer photographischen Platte abgebildet. Eine Automatik vermittelte eine Serie gleich langer Belichtungen, wobei zwischen jeder Belichtung die photographische Platte automatisch weiterrückte und der Analysator automatisch in Schritten von 10 Minuten gedreht wurde. So zeichneten sich auf der gleichen Platte 16 Photogramme ab, die nach Auswertung in einem Mikrophotometer eine Kurve für die Abhängigkeit der Schwärzung vom Drehwinkel des Analysators lieferten. Angeblich soll eine Genauigkeit von ¼ Minute (0,004°) erreicht worden sein. Natürlich war dies ein zeitraubendes Verfahren.

Die *thermoelektrischen* Methoden kommen den modernen photoelektrischen Verfahren schon wesentlich näher, man braucht ja nur die Photozelle durch eine Thermosäule oder ein Bolometer ersetzt zu denken.

Die *Sekundärelektronenvervielfacher* (SEV) haben die *photoelektrische* Polarimetrie über weite Spektralbereiche hin so gefördert, daß heute die photoelektrischen Polarimeter nicht nur im unsichtbaren, sondern auch im sichtbaren Licht verbreitete Anwendungen finden und mit einer Genauigkeit arbeiten, die die der besten visuellen Polarimeter noch um eine Größenordnung verbessert; dabei ist man nicht auf verdunkelte Arbeitsräume angewiesen. Die Möglichkeiten der Registrierung, der Digitalisierung, des Anschlusses an eine Rechenanlage, der automatischen Betriebskontrolle und der Steuerung betrieblicher Prozesse führten zu weiteren Fortschritten.

5.2.2. Verfahren der photoelektrischen Polarimetrie

Grundsätzlich lassen sich (nach [23]) drei Arten der photoelektrischen Polarimetrie unterscheiden:

1. rein photometrische Methoden ohne Winkelmessung,
2. photometrische Methoden mit Winkelmessung,
3. Halbschattenmethoden mit Winkelmessung.

Daß photoelektrische Polarimetrie auf *photometrischem* Wege überhaupt möglich ist, beruht auf der Proportionalität zwischen Photostrom und

5.1.3. Die wesentlichen Eigenschaften einiger visueller Polarimeter nach den Prospekten der Hersteller

Tabelle 19:

Fabrikant	Modell	Halbschatten	Kreis	Ablesung	Beleuchtung	Röhren	Stativ
Bellingham & Stanley	Polarimeter Model A	auswechselbar a) Lippich 2teilig veränderlich 0° bis 20° b) nur für UV fest 20° c) Lippich 2teilig fest 7°	0° bis 360° und —20° S bis +120° S mit Feinbewegung	zwei Nonien 0,01° direkt Mikrometer-Trommel 0,01° direkt und 0,05° S	Spektrallampen oder Monochromator	bis 200 mm	Optische Bank
Jobin & Yvon	Aunis	Laurent-Quarz veränderlich 0° bis 9°	0° bis ± 180°	1 Nonius 0,05° direkt	Na oder Glühlampe	bis 220 mm (Modell „Argonne" bis 500 mm)	Horizontal-anordnung in Augenhöhe
	Bourgogne II	Lippich veränderlich 0° bis 15°	0° bis 360° mit Feinbewegung	2 Nonien 0,01° direkt	Hg und andere Spektrallampen oder Monochromator	bis 500 mm	Horizontalanordnung in Augenhöhe (weitere Modelle auf optischer Bank 2 m, 3 m, 4 m, 5 m)
Schmidt & Haensch	Handpolarimeter	Kalkspat nach Bechstein zweiteilig fest 7°	Meßuhr —5,5° bis +12° und —11% bis +24%	Index 0,1° direkt und 0,2% direkt	Tageslicht oder Glühlampe	95,04 mm (Harnzucker u. Eiweiß)	Säule (Schräglage)
	Polarimeter nach Mitscherlich	Kalkspat nach Bechstein zweiteilig fest 7°	0° bis 360°	0,1° direkt	Na	bis 200 mm	Säule (Schräglage)
	Polarimeter nach Lippich	Lippich zweiteilig 0° bis 20° veränderlich	0° bis 360° und —102° S bis +102° S mit Feinbewegung	0,1° direkt und 1° S direkt	Spektrallampen Monochromator	bis 400 mm	Horizontal-anordnung in Augenhöhe

Fortsetzung auf S. 69

Fabrikant	Modell	Halbschatten	Kreis	Ablesung	Beleuchtung	Röhren	Stativ
VEB Optik Jena	Taschen-polarimeter	Laurent-Quarz dreiteilig fest	0° bis 20° = 0% bis 40%	1 Nonius 0,1° direkt = 0,2%	Tageslicht oder Glühlampe	95,04 mm	Säule (Schräglage)
	Kreispolarimeter	Laurent-Quarz fest	0° bis ±180°	2 Nonien 0,1° direkt	Na	bis 200 mm	Säule (Schräglage)
Carl Zeiss	Prozent-Polarimeter	Laurent-Quarz	—39% bis +50% Glucose	Innenablesung 1 Nonius 0,1% direkt	Tageslicht oder Glühlicht (eingebaut) grüngefiltert mit Interferenzfilter	80,5 mm	Tischgehäuse (Schräglage)
	Kreispolarimeter 0,05°	Laurent-Quarz dreiteilig fest	0° bis 360°	Innenablesung 1 Nonius 0,05° direkt	Glühlampe mit Interferenzfilter 589 oder Na-Lampe eingebaut	bis 200 mm	Tischgehäuse (Schräglage)
	Kreispolarimeter 0,01°	Lippich, 2teilig veränderlich —15° bis +15°	0° bis 360° mit Feinbewegung	Innenablesung 2 Nonien 0,01° direkt im adaptations-sicheren Rotlicht	Na-Lampe oder Hg-Lampe mit Doppelband-Interferenzfiltern in Revolver	bis 200 mm oder bis 400 mm	niedrige Querlage mit Schräg-einblick, zwei seitlich verschiebbare Röhrenauflagen

Strahlungsstrom, die bei nicht zu hoher Verstärkung angenommen werden darf. Die größte Empfindlichkeit der photometrischen Methoden ohne Winkelmessung wird bei kleinen Drehwinkeln α dann erreicht, wenn der Analysator unter 45° zum Polarisator steht, während bei visueller Polarimetrie die Kreuzstellung 90° am empfindlichsten ist.

Halbschattenmethoden können, wie in der visuellen Polarimetrie, mit zwei nebeneinanderliegenden Feldhälften durchgeführt werden. Dazu ließen sich bei sinngemäßer Übertragung von der visuellen Polarimetrie her zwei Photozellen verwenden (siehe SPENGLER und HIRSCHMÜLLER [103]), deren spektrale Empfindlichkeitskurven aber identisch sein müßten. Da dies ohne sehr schwierige Maßnahmen nicht gewährleistet werden kann, wären Zwei-Zellen-Verfahren nur für eine bestimmte Wellenlänge anwendbar, aber auch dann kann zeitliche Inkonstanz der Empfindlichkeit störend wirken. Es kommen also bevorzugt Ein-Zellen-Verfahren in Betracht, die auf dem Wechselstrahlungsprinzip beruhen. In diesem Falle muß eine Schwingblende wechselweise die eine oder die andere Hälfte des Meßfeldes freigeben. In übertragenem Sinne findet das Halbschattenprinzip Anwendung bei photoelektrischen Polarimetern mit azimutal hin und her schwingender Polarisatordurchlaßrichtung und Einzellenbeaufschlagung.

Nicht übersehen werden darf, daß photoelektrische Schichten optisch anisotrop sein können, d.h. daß ihre Empfindlichkeit von der Schwingungsrichtung der vom Analysator her einfallenden Strahlung abhängt.

Grundsätzlich werden Sekundärelektronenvervielfacher verwendet, die eine hohe Strahlungsempfindlichkeit, geringe Trägheit und ein günstiges Signal-Rausch-Verhältnis haben. Mit ihnen ist zudem eine automatische Empfindlichkeitsregelung möglich, die bei absorbierenden Meßproben und Alterung der Strahlungsquelle das Signal weitgehend konstant hält (vgl. S. 82).

Abgleich gibt es bei photoelektrischen Polarimetern analog wie bei visuellen Polarimetern sowohl in Dunkelstellung als auch in Hellstellung. Bevorzugt werden muß auch hier der Dunkelabgleich, weil beim Hellabgleich das Verhältnis von Wechsellicht zu Gleichlicht ungünstig wird, auch deshalb, weil bei reinen Wechselstromverstärkern das sogenannte „Zustopfen“ des Vervielfachers infolge der hohen Gleichstromemission der Photokathode auftritt. Der Drehwinkelbereich endet praktisch unterhalb von 90°, etwa bei 80°, dies ebenfalls wegen des hohen Gleichlichtanteils.

5.2.2.1. Photometrische Verfahren ohne Winkelmessung

1. Methode: Polarisator und Analysator stehen fest im gegenseitigen Winkel 45°. Mit einer drehenden Substanz zwischen beiden ist der vom Analysator durchgelassene und auf die Photozelle fallende Strahlungsstrom

$$\Phi = \tau \cdot \Phi_e \cdot \sin^2(45° + \alpha) = \frac{\tau \cdot \Phi_e}{2}(1 + \sin 2\alpha), \tag{73}$$

dabei sind Φ_e der Eingangs-Strahlungsstrom, α der Drehwinkel, τ der Durchlaßgrad, wie er sich nach den Verlusten in Polarisator, Analysator, den Abschlußgläsern der Polarimeterküvette und durch Absorption in der Meßsubstanz ergibt.
Ohne Meßsubstanz sind $\tau = \tau_0$ und $\alpha = 0°$, d.h.

$$\Phi_0 = \frac{\tau_0 \cdot \Phi_e}{2}. \tag{74}$$

Daraus folgt

$$\sin 2\alpha = \frac{\tau_0}{\tau} \cdot \frac{\Phi}{\Phi_0} - 1. \tag{75}$$

Das Verhältnis $\frac{\Phi}{\Phi_0}$ wird gemessen.
Es müssen aber die Durchlaßgrade τ und τ_0 gesondert bestimmt werden, zumindest ihr Verhältnis, wodurch das Verfahren umständlich wird. Dieses Verfahren wurde 1928 von G. TODESCO [104] angewandt.

2. Methode:

Hierbei brauchen keine Durchlaßgrade gemessen zu werden. Die Küvette läßt sich aus der Stellung K in die Stellung K' schwenken (Abb. 33). Der Analysator A ist diagonal zum Polarisator P orientiert.

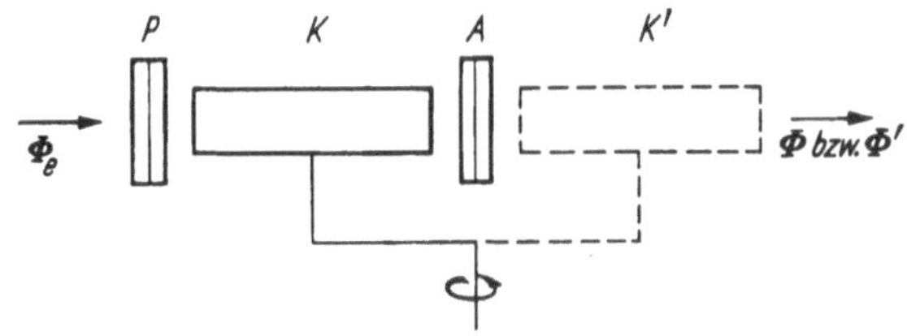

Abb. 33: Prinzip der photoelektrischen Polarimetrie durch Vergleich der Strahlungsströme mit Schwenkküvette. P Polarisator, A Analysator, K, K' Küvette in den beiden Meßstellungen, Φ_e einfallender Strahlungsstrom, Φ bzw. Φ' austretender Strahlungsstrom in den Stellungen K bzw. K'

In der Stellung K wird gemessen

$$\frac{\Phi}{\Phi_e} = \tau \cdot \sin^2 (45° + \alpha) = \frac{\tau}{2}(1 + \sin 2a). \tag{76}$$

In der Stellung K' wird gemessen

$$\frac{\Phi'}{\Phi_e} = \tau \cdot \sin^2 45° = \frac{\tau}{2}. \tag{77}$$

Daraus folgt

$$\sin 2a = \frac{\Phi}{\Phi'} - 1. \tag{78}$$

Das Prinzip dieses Verfahrens wurde 1937 von E. LANDT und H. HIRSCHMÜLLER [75], [76] erstmalig angewandt. Hierbei war der Analysator gekreuzt zum Polarisator, ein Drehquarz vor dem Analysator erzeugte die Diagonalorientierung, die Küvette wurde nicht geschwenkt, statt ihrer Analysator und Drehquarz. Die Genauigkeit ist nicht ausreichend. Nach CRUMPLER et al. [43] beträgt die Reproduzierbarkeit 0,03°.

3. Methode:

Der Analysator steht bei der ersten Messung in der Diagonalstellung 45°, bei der zweiten Messung in der Diagonalstellung 135° (Abb. 34) zum Polarisator.

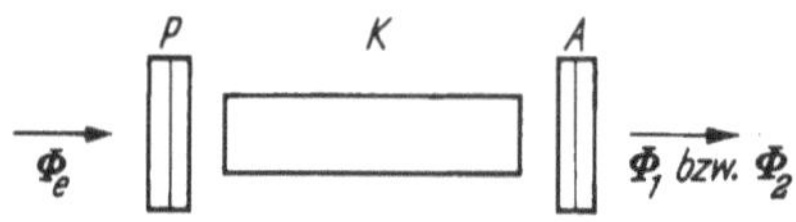

Abb. 34: Prinzip der photoelektrischen Polarimetrie durch Vergleich der Strahlungsströme in den beiden möglichen Diagonalstellungen des Analysators zum Polarisator. P Polarisator, A Analysator, K Küvette, Φ_e einfallender Strahlungsstrom, Φ_1 bzw. Φ_2 austretende Strahlungsströme in den beiden Diagonalstellungen von A

Die Grundidee wurde von P. DESAINS [44] schon 1877 für die thermoelektrische Polarimetrie angegeben. Gemessen werden die Quotienten

$$\frac{\Phi_1}{\Phi_e} = \tau \cdot \sin^2 (45° + \alpha), \tag{79}$$

und

$$\frac{\Phi_2}{\Phi_e} = \tau \cdot \sin^2 (135° + \alpha). \tag{80}$$

Daraus folgt

$$\sin 2\alpha = \frac{\Phi_1 - \Phi_2}{\Phi_1 + \Phi_2}. \tag{81}$$

Die Anwendbarkeit dieser drei photometrischen Methoden ohne direkte Winkelmessung ist begrenzt. Wenn die Meßsubstanz im angewandten Spektralbereich absorbiert, ist die 2. oder die 3. Methode brauchbar, vorausgesetzt, daß die Rotationsdispersion nicht anomal ist. Bei Cotton-Effekt (vgl. S. 4) tritt elliptische Polarisation auf, dann kann keine der genannten drei photometrischen Methoden benutzt werden.

Weitere photometrische Verfahren ohne Winkelmessung wurden von W. HELLER [23] beschrieben. Wegen ihres geringen Aussagewertes erübrigt es sich, hier darauf einzugehen.

5.2.2.2. Photometrische Verfahren mit Winkelmessung

1. Methode:

Man bringt nach einem Vorschlag von KENYON und DICKES [66] den Analysator in zwei Stellungen symmetrisch zum Auslöschungsazimut, wobei dann der Photostrom gleiche Beträge zeigt, und liest jeweils beide Analysatorstellungen am Teilkreis ab, d. h.

ohne Meßsubstanz ψ_1 und ψ_2,

mit Meßsubstanz ψ_3 und ψ_4.

Dadurch kann man die mittleren Auslöschungswinkel bekommen:

$$\text{ohne Meßsubstanz } \psi_0 = \frac{\psi_1 + \psi_2}{2}, \tag{82}$$

$$\text{mit Meßsubstanz } \psi = \frac{\psi_3 + \psi_4}{2}. \tag{83}$$

Der Drehwert ist alsdann

$$\alpha = \psi - \psi_0. \tag{84}$$

Es muß eine zeitlich konstante Strahlungsquelle verwendet werden. Dann bleiben bei dieser Methode die Abweichungen in der Größenordnung von einigen hundertstel Grad, wenn mit kleinen Drehwinkeln gearbeitet wird. Nach diesem Prinzip arbeitet das Polarimeter der amerikanischen Firma O. C. Rudolph & Sons [93]. Nach A. L. Rolly und B. Carroll [92] ist das Signal-Rausch-Verhältnis dieses Polarimeters ungünstig, so daß die erreichbare Meßgenauigkeit nicht den theoretischen Erwartungen entspricht.

2. Methode:

Nach Bruhat und Guinier [31] wird nicht der Analysator aus der Stellung ψ_1 in die Stellung ψ_2 (bzw. ψ_3 in ψ_4) bewegt, sondern ein vor dem Analysator angeordneter Biquarz. Dieser besteht aus zwei nebeneinander befindlichen Drehquarzen, der eine aus Rechtsquarz, der andere aus Linksquarz. Beide sind gleich dick und besitzen daher eine entgegengesetzt gleiche optische Drehung (etwa $\pm 45°$). Man schaltet nacheinander jede Hälfte des Biquarzes einzeln in den Strahlengang und dreht den Analysator in diejenige Winkelstellung, bei der beim Umschalten des Biquarzes keine Änderung des Photostroms angezeigt wird; dies einmal ohne Meßsubstanz, zum anderen mit Meßsubstanz. Die Differenz der Analysatorwinkel ist gleich dem Drehwinkel der Meßsubstanz. Eine Version dieser Methode wird 1958 von Bührer, Kohler und Günthard beschrieben [33], sie zeichnet sich dadurch aus, daß sich Elliptizitätseinflüsse durch Cottoneffekt eliminieren.

3. Methode:

Zwei Polarisatoren werden abwechselnd eingeschaltet, deren Schwingungsrichtungen um den Winkel $\varphi = 90°$ verschieden sind. Auch hier dreht man den Analysator so weit, bis die Photoströme beim Wechsel der Polarisatoren gleichbleiben.

5.2.2.3. Halbschattenmethoden mit Winkelmessung, insbesondere Wechselstrahlungsverfahren

1. Methode:

Der Aufbau des Polarimeters entspricht demjenigen eines visuellen Polarimeters mit Lippich-Halbschatten. Über eine Schwingblende oder einen rotierenden Halbsektor in zeitlicher Aufeinanderfolge der Strahlungsströme von den beiden Meßfeldhälften erfolgt der Abgleich durch Drehen des Analysators (siehe WENKING [108]). Der Strom der Strahlung hinter dem Analysator setzt sich aus einem Gleichstromanteil Φ_G und einem Wechselstromanteil Φ_{sign} zusammen. Die Strahlungsflüsse hinter den Meßfeldhälften sind nämlich

$$\Phi_1 \sim \sin^2\left(\Delta\psi + \frac{\varphi}{2}\right), \qquad \Phi_2 \sim \sin^2\left(\Delta\psi - \frac{\varphi}{2}\right),$$

wo φ der Halbschattenwinkel ist und $\Delta\psi$ ein möglicher kleiner Abgleichfehler. Bei exakt sinusförmiger Bewegung der Schwingblende wird der gesamte Strahlungsfluß

$$\Phi = \Phi_1 \cdot \sin^2 \omega t + \Phi_2 \cdot \cos^2 \omega t, \tag{85}$$

d.h.

$$\Phi \sim \sin^2\left(\Delta\psi + \frac{\varphi}{2}\right) \cdot \sin^2 \omega t + \sin^2\left(\Delta\psi - \frac{\varphi}{2}\right) \cdot \cos^2 \omega t, \tag{86}$$

und durch trigonometrische Umformungen

$$\Phi = \Phi_G - \Phi_{\text{sign}} \tag{87}$$

mit

$$\Phi_G \sim \tfrac{1}{2}(1 - \cos\varphi), \quad \Phi_{\text{sign}} \sim \Delta\psi \cdot \sin\varphi \cdot \cos 2\omega t. \tag{88}$$

Φ_{sign} ist dem kleinen Betrage der Analysatorfehleinstellung $\Delta\psi$ proportional und hat die doppelte Frequenz der Schwingblende. Die größte Empfindlichkeit wird bei $\sin\varphi = 1$, d.h. beim Halbschattenwinkel $\varphi = 90°$ (also nicht für kleine φ wie bei visuellen Kreispolarimetern), erreicht. Der Wechselstrahlungsanteil wird verstärkt und mittels Analysatordrehung zum Verschwinden gebracht. Die Grenzempfindlichkeit folgt aus dem Signal-Rausch-Verhältnis, ähnlich wie in (95) bis (97).

Die Nachweisbarkeitsgrenze liegt bei

$$\Delta\psi = \pm 2 \cdot \sqrt{\frac{2e \cdot \Delta f}{E_\lambda \cdot \Phi}}, \tag{89}$$

wo $e = 1{,}6 \cdot 10^{-11}$ A · s die Elektronenladung ist, Δf die Bandbreite des Indikators in Hertz, E_λ die Photokathodenempfindlichkeit in A/W, Φ der Strahlungsstrom in W.

Zahlenbeispiel:

$$\Phi = 10^{-6}\,\text{W}, \quad E_{546} = 5 \cdot 10^{-2}\,\text{A/W}, \quad \Delta f = 10\,\text{Hz};$$

$$\Delta\psi = \pm 1{,}4 \cdot 10^{-5}\,\text{rad} = \pm 0{,}001^\circ.$$

Die wirkliche Grenzempfindlichkeit wird aber durch technische Unzulänglichkeiten merklich schlechter (einige Hundertstelgrad), weil z.B. bei nicht exakt sinusförmiger Bewegung der Schwingblende Störfrequenzen auftreten.
Dieses Prinzip wurde 1955 von LANDEGREN [74] und BURKHARDT [4] angewandt.

2. Methode:

Es besteht schließlich auch die Möglichkeit, ohne Halbschattenelement zu arbeiten, wenn zwischen Polarisator P und Analysator A (Abb. 35) außer der Küvette K mit der Meßsubstanz noch ein Wollastonprisma W eingebaut wird und der Analysator gleichförmig mit $\varphi = \omega t$ (Abb. 37) rotiert.

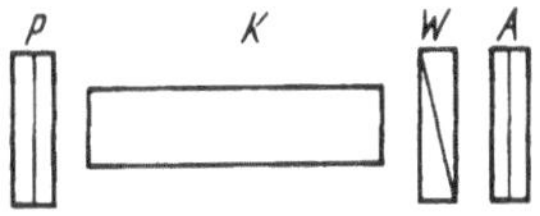

Abb. 35: Prinzip der photoelektrischen Polarimetrie mit Wollastonprisma W und rotierendem Analysator A durch Eindrehen des Polarisators P auf Verschwinden des periodischen Anteils im Strahlungsstrom

Das *Wollastonprisma* ist ein Doppelprisma in Plattenform (Abb. 36) mit zwei Teilprismen aus Kalkspat oder Quarz in Subtraktionsstellung der kristallographischen Hauptsymmetrieachsen A_1 und A_2 (d.h. $A_2 \perp A_1$).

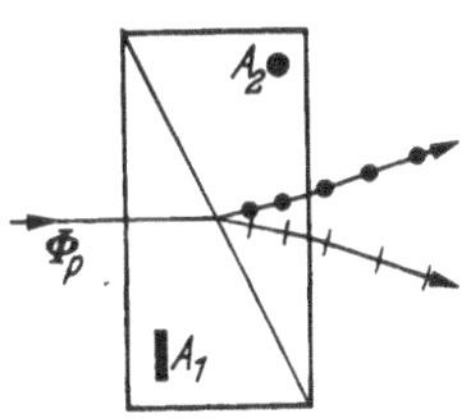

Abb. 36: Doppelbrechung im Wollastonprisma. A_1 und A_2 sind die Hauptsymmetrieachsen des Quarzes in den Teilprismen. Φ_P einfallender linear polarisierter Strahlungsstrom

Die vom Polarisator P in das Wollastonprisma einfallende Strahlung mit der Amplitude p, also $\Phi_P \sim p^2$, wird in zwei schwach divergierende und zueinander senkrecht schwingende Teilstrahlungen mit den Amplituden (Abb. 37) (Reflexionsverluste vernachlässigt)

$$w_1 = p \cdot \cos\gamma, \quad w_2 = p \cdot \sin\gamma \tag{90}$$

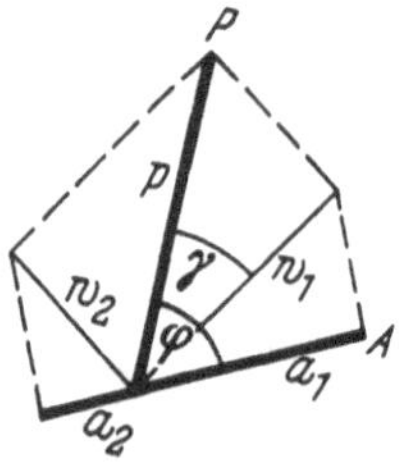

Abb. 37: Zerlegung der einfallenden Linearschwingung P in die beiden senkrecht zueinander polarisierten Schwingungen im Wollastonprisma und deren Projektion auf die Durchlaßrichtung des Analysators A

zerlegt. Der mit $\varphi = \omega t$ rotierende Analysator läßt die Amplituden

$$a_1 = w_1 \cdot \cos(\omega t - \gamma), \quad a_2 = w_2 \cdot \sin(\omega t - \gamma) \tag{91}$$

hindurch, also verläßt den Analysator der alternierende Strahlungsstrom*)

$$\Phi_A \sim a_1^2 + a_2^2 \sim \tfrac{1}{2}\Phi_P \cdot [1 + \cos 2\gamma \cdot \cos 2(\omega t - \gamma)]. \tag{92}$$

*) Die Addition der Intensitäten a_1^2 und a_2^2 ist einwandfrei, obwohl ein Interferenzphänomen vorliegt, bei dem die Amplituden zu summieren wären. Die Interferenzen werden aber „verschmiert", weil das Wollastonprisma mit einem endlich großen Querschnitt benutzt wird. In Abb. 36 ist nur ein Strahl gezeichnet. Für die gleichfalls wirksamen Strahlen in verschiedenen Einfallshöhen oberhalb und unterhalb des Mittelstrahls sind die Gangunterschiede zwischen den jeweils aufgespaltenen Strahlen verschieden groß. Am oberen Rand, wo das erste Prisma seine scharfe Kante hat, sind nur schräge Strahlen vorhanden, denn die Winkelaufspaltung tritt schon beim Lichteinfall auf. Am unteren Rand, wo das zweite Prisma seine scharfe Kante hat, findet die Winkelaufspaltung erst an der Austrittsfläche statt. Somit sind die geometrischen Strahlenwege zwischen Eintritts- und Austrittsfläche am oberen Rand etwas größer als am unteren Rand. Demgemäß sind auch die optischen Lichtwege (Produkte der geometrischen Strahlenwege mit den Brechungszahlen des ordentlichen und des außerordentlichen Strahls) am oberen und am unteren Rand verschieden. Der Gangunterschied zwischen ordentlichem und außerordentlichem Strahl ist am oberen Prismenrand größer als am unteren und wegen $A_1 \perp A_2$ von entgegengesetzten Vorzeichen. Demgemäß ergeben sich am oberen und unteren Rand hinter dem Analysator A Interferenzen von nach Vorzeichen und Betrag unterschiedlicher Ordnung. Alle dazwischenliegenden Ordnungen im Querschnitt des Wollastonprismas sind ebenfalls vorhanden und addieren sich im gesamten Strahlungsstrom des Prismenquerschnitts. Deshalb werden die Interferenzen hinter dem Analysator verschmiert, womit die Berechtigung der Intensitätenaddition erwiesen ist. Das Vorhandensein einer gewissen Anzahl von Interferenzordnungen im Querschnitt des Wollastonprismas läßt sich übrigens leicht demonstrieren: man halte ein Wollastonprisma zwischen gekreuzten Polarisatoren so, daß der Prismenhauptschnitt etwa 45° mit den Schwingungsrichtungen der Polarisatoren bildet, dann sieht man in durchfallendem, rotgefiltertem Licht das Prisma von gleichabständigen Interferenzstreifen durchzogen, wenn man es aus einiger Entfernung betrachtet, evtl. mit Lupe.

Bei $\gamma = 45°$ ist $\Phi_A = \frac{1}{2}\Phi_P$, also konstant. Bei geringer Fehleinstellung um $\Delta\psi$ von 45°, also bei $\gamma = 45° + \Delta\psi$, wird

$$\Phi_A = \tfrac{1}{2}\Phi_P - \Phi_P \cdot \Delta\psi \cdot \sin 2\omega t. \tag{93}$$

Dieser Strahlungsstrom fällt in die Photozelle, nachdem die vom Wollastonprisma erzeugte Divergenz der Teilstrahlungen durch eine Sammellinse aufgefangen wurde. Es entsteht ein Photostrom, der aus einem konstanten Anteil und einem periodisch mit der doppelten Frequenz des rotierenden Analysators alternierenden Anteil besteht. Die Stärke des letzteren ist der Fehleinstellung $\Delta\psi$ proportional, daher Signalphotostrom, auf dessen Verschwinden durch Drehen des mit einem Teilkreis gekuppelten Polarisators eingestellt wird. Der mögliche Einstellfehler ist durch das Signal-Rausch-Verhältnis bestimmt. Theoretisch ergeben sich sehr geringe Einstellfehler, aber nur, wenn der Analysator erschütterungs- und schlagfrei rotiert und die Photozelle ohne Anisotropieeffekt (S. 70) wäre. Beides läßt sich nicht ausreichend verwirklichen, auch dann nicht, wenn der Analysator luftgelagert rotiert. Dieser damals (1936) geniale Vorschlag von O. Schönrock und E. Einsporn [98], [99] genügt den heute zu stellenden Anforderungen an Meßgenauigkeit nicht mehr.

3. Methode:

Eine technische Vereinfachung der zweiten Meßmethode wird dadurch erreicht, daß der Wechsel der Strahlungsintensität nicht durch die Rotation des Analysators bewirkt wird, sondern durch ein magnetisches Wechselfeld (Abb. 38). Der Analysator A steht fest, und zwar gekreuzt

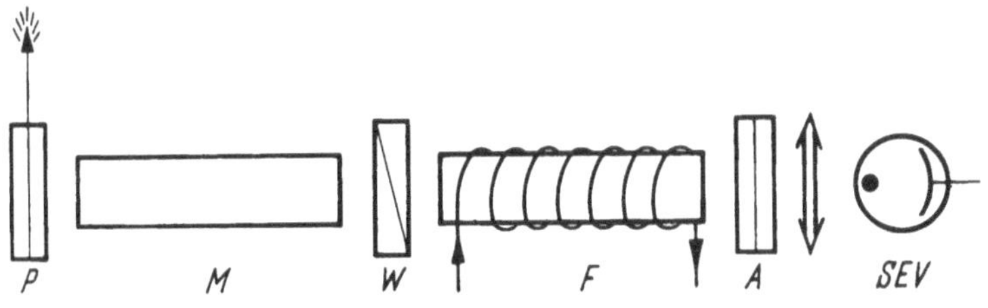

Abb. 38: Prinzip der photoelektrischen Polarimetrie mit Wollastonprisma W, feststehendem Analysator A und Faraday-Modulator F. Die Messung erfolgt durch Eindrehen des Polarisators P auf Verschwinden des periodischen Anteils im austretenden Strahlungsstrom

zum Polarisator P. Eine *magneto-optische Wechseldrehung* wird hinter dem Wollastonprisma in einer von einem harmonischen Wechselstrom durchflossenen Spule F erzeugt, in deren Innerm sich ein nach der Bearbeitung sorgfältig getemperter Glasstab befindet. Man nennt diese Ein-

richtung einen Faraday-Modulator. Er beruht auf dem Faraday-Effekt (siehe S. 6). Diese Einrichtung wurde im deutschen Schrifttum von H. WENKING [107], [109] beschrieben.
Die im Faraday-Modulator hervorgerufene harmonische Wechseldrehung ist gleichwertig mit einer Wechseldrehung des Analysators $\varphi = \varphi_0 \cdot \cos \omega t$. Mit $\varphi_0 = 15°$ kann man näherungsweise $\sin 2\varphi$ durch 2φ ersetzen und bekommt nach (93) für den Strahlungsstrom hinter dem Analysator

$$\Phi_A = \frac{\Phi_P}{2} (1 - 4 \Delta\psi \cdot \varphi). \tag{94}$$

Die Photozelle liefert einen der spektralen Empfindlichkeit E_λ der Photokathode und dem Strahlungsstrom Φ_A proportionalen Photostrom i_{phot}:

$$i_{\text{phot}} \sim \Phi_A \cdot E_\lambda = \frac{E_\lambda \cdot \Phi_P}{2} [1 - 4 \Delta\psi \cdot \varphi_0 \cdot \cos \omega t]. \tag{95}$$

Das Signal-Rausch-Verhältnis ergibt sich aus dem Effektivwert des Signalstroms zu

$$i_{\text{sign}} = \sqrt{2} \cdot \Delta\psi \cdot \Phi_P \cdot E_\lambda \cdot \varphi_0 \tag{96}$$

und aus dem Effektivwert des Rauschstroms nach SCHOTTKY

$$\sqrt{\overline{i_R^2}} = \sqrt{e \cdot \Phi_P \cdot E_\lambda \cdot \Delta f}, \tag{97}$$

wo e die Ladung des Elektrons und Δf die Bandbreite des Signalindikators sind. Bei zeitlich konstantem Strahlungsstrom Φ_P wird somit für das Signal-Rausch-Verhältnis 1 : 1

$$\Delta\psi = \pm \frac{1}{\varphi_0} \sqrt{\frac{e \cdot \Delta f}{2\Phi \cdot E_\lambda}}. \tag{98}$$

Beispiel:

$$\Phi_P = 10^{-6}\,\text{W}; \quad E_{546} = 5 \cdot 10^{-2}\,\text{A/W},$$
$$e = 1{,}6 \cdot 10^{-11}\,\text{A} \cdot \text{s},$$
$$\Delta f = 10\,\text{Hz},$$
$$\varphi_0 = 15° \approx 0{,}25\,\text{rad},$$
$$\Delta\psi = \pm 16 \cdot 10^{-6}\,\text{rad} \approx \pm 0{,}001°.$$

Diese Einrichtung läßt also Präzisionspolarimetrie zu. Wie schon gesagt, wird hierbei der Polarisator entgegen der Drehung α der Meßsubstanz soweit zurückgedreht, daß der Wechselstrahlungsstrom verschwindet; es bleibt dann nur der Gleichstrahlungsstrom $\frac{1}{2}\Phi_P$ bestehen. Anstatt den Polarisator zu drehen, kann man die optische Drehung in der Meßprobe mit einer zweiten, gleichstromgespeisten Faradayspule kompensieren, wobei die Gleichstromstärke als Meßwert für die Drehung α dient [vgl. (4) auf S. 6].

4. Methode:

Man kann die Faraday-Modulation auch ohne ein Wollastonprisma anwenden (Abb. 38 ohne *W*). Ein monochromatisches linear polarisiertes Strahlenbündel tritt aus dem Polarisator *P* aus, durchsetzt die Meßsubstanz *M*, den *Faraday-Modulator F* und den Analysator *A*, um schließlich auf die Photozelle zu gelangen. Der Polarisator in Nullstellung und der Analysator sind gekreuzt.

Die Schwingungsebene erfährt im Modulator die harmonische Wechseldrehung

$$\varphi = \varphi_0 \cdot \cos \omega t. \tag{99}$$

Bei kleinen Winkeln φ und kleinen Abgleichfehlern $\Delta\psi$ ist der Strahlungsstrom hinter dem Analysator

$$\Phi_A = \Phi_P \cdot [\tau + (\Delta\psi + \varphi)^2], \tag{100}$$

wobei die Größe τ im Gegensatz zu den beiden vorangehend beschriebenen Methoden nicht vernachlässigt werden darf. In dieser Größe sind alle optischen und elektrischen Störgrößen enthalten, wie Fehldurchlässigkeit der Polarisatoren, Depolarisation durch Streuung, Dunkelstrom und Rauschen des Vervielfachers. Mit (99) wird

$$\Phi_A = \Phi_G + \Phi_{\text{sign}} + \Phi_{\text{st}}, \tag{101}$$

d. h. Φ_A setzt sich zusammen aus (Abb. 39) einem Gleichstrahlungsstrom

$$\Phi_G = \Phi_P \cdot [(\Delta\psi)^2 + \tau + \tfrac{1}{2}\varphi_0^2], \tag{102}$$

einem Signalstrahlungsstrom

$$\Phi_{\text{sign}} = 2\Phi_P \cdot \Delta\psi \cdot \varphi_0 \cdot \cos \omega t, \tag{103}$$

einem Störstrahlungsstrom

$$\Phi_{\text{st}} = \tfrac{1}{2}\Phi_P \cdot \varphi_0^2 \cdot \cos 2\omega t. \tag{104}$$

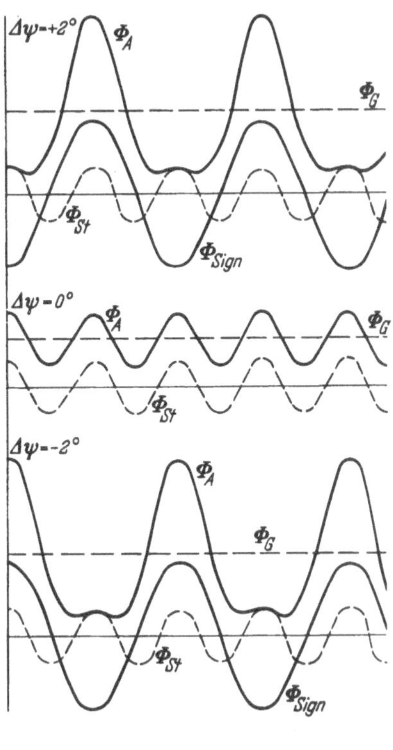

Abb. 39: Prinzip der photoelektrischen Polarimetrie mit Faraday-Modulation zwischen feststehendem gekreuztem Polarisator und Analysator. Der Photostrom Φ_A setzt sich zusammen aus einem Gleichphotostrom Φ_G, einem Signalphotostrom Φ_{sign} und einem Störphotostrom Φ_{st}.

Erklärung siehe Text.

Der Störstrahlungsstrom hat die doppelte Frequenz des Signalstrahlungsstroms und kann durch Resonanzschwächung genügend unwirksam gemacht werden.
Der effektive Signalphotostrom ist hierbei

$$i_{\text{sign}} = \sqrt{2} \cdot \Phi_P \cdot E_\lambda \cdot \varphi_0 \cdot \Delta\psi \tag{105}$$

(E_λ = spektrale Empfindlichkeit der Photozelle), der effektive Rauschstrom

$$\sqrt{\overline{i_R^2}} = \sqrt{2e \cdot \Delta f \cdot \left(\tau + \frac{\varphi_0^2}{2}\right) \cdot \Phi_P \cdot E_\lambda}, \tag{106}$$

somit das Signal-Rausch-Verhältnis

$$\frac{i_{\text{sign}}}{\sqrt{\overline{i_R^2}}} = \sqrt{\frac{\Phi_P \cdot E_\lambda}{e \cdot \Delta f}} \cdot \frac{\Delta\psi}{\sqrt{\frac{\tau}{\varphi_0^2} + \frac{1}{2}}}. \tag{107}$$

Der Einstellfehler $\Delta\psi$ wird beim Signal-Rausch-Verhältnis 1 : 1

$$\Delta\psi = \pm\sqrt{\frac{\tau}{\varphi_0^2} + \frac{1}{2}} \cdot \sqrt{\frac{e \cdot \Delta f}{\Phi_P \cdot E_\lambda}}\,. \tag{108}$$

Zahlenbeispiel:

$$\tau = 10^{-3}, \quad \varphi_0 = 2{,}5^\circ = 4{,}4 \cdot 10^{-2}\,\text{rad}, \quad e = 1{,}6 \cdot 10^{-19}\,\text{A} \cdot \text{s},$$
$$\Delta f = 10\,\text{Hz}, \quad \Phi_P = 10^{-6}\,\text{W}, \quad E_{546} = 5 \cdot 10^{-2}\,\text{A/W}:$$
$$\Delta\psi = \pm 0{,}57 \cdot 10^{-5}\,\text{rad} = \pm 0{,}0003^\circ.$$

Der Gleichstrahlungsstrom Φ_G verursacht in diesem Zahlenbeispiel bei $\Delta\psi = 0^\circ$ einen Photozellengleichstrom von 10^{-10} A, er ist bei Sekundärelektronenvervielfachern genügend groß gegenüber dem Dunkelstrom, so daß die Voraussetzung dafür erfüllt ist, daß die oben sich ergebende Nachweisgrenze $\Delta\psi$ realisierbar ist. Beachtlich geschwächt werden muß aber der Störphotostrom, denn er ist bei $\Delta\psi = 0{,}01^\circ$ und $\varphi_0 = 2{,}5^\circ$ um fast 2 Zehnerpotenzen größer als der Signalphotostrom.
Der Signalphotostrom ist phasengleich mit dem den Faraday-Effekt erregenden Strom und ändert seine Phase um 180° beim Durchgang durch den Abgleich (d.h. bei verschwindendem Signalstrahlungsstrom). Somit bietet sich die Möglichkeit an, einen *phasenempfindlichen* Gleichrichter mit Nullinstrument als drehrichtungsempfindlichem Abgleichindikator zu verwenden. Der Abgleich kann durch Drehung des Polarisators oder des Analysators von Hand mit Kontrolle am Nullinstrument erfolgen oder automatisch durch einen Servomechanismus. Hierbei wird der verstärkte Signalphotostrom der Photozelle als Steuerstrom für einen Servomotor benutzt, der die Abgleichdrehung bewirkt, und zwar in Abhängigkeit vom Phasenwinkel zwischen Signalphotostrom und Erregerstrom des Faraday-Modulators.

Das Prinzip der Faraday-Modulation wurde 1951 von FOPIANO und TRAGESER [106] angegeben, später von KUDRJASTSCHEW 1953 [70], GILLHAM 1956/57 [52], WENKING 1958 [109] zu Konstruktionen benutzt. Die Faraday-Modulation zeichnet sich durch hervorragende Nullpunktskonstanz aus. Photoelektrische Polarimeter mit Faraday-Modulation sind z.B. das *Lichtelektrische Präzisionspolarimeter* 0,005° (Abb. 42), das *Digitalpolarimeter* (Abb. 41), das *Automatische Zuckerpolarimeter* 0,05° S (Abb. 68), das *Kompensationspolarimeter* OK1 (Abb. 69) und das *Registrierende Spektralpolarimeter* REPM 12 (Abb. 43), sämtlich von Carl Zeiss; ferner das *Polartronic* und die automatischen Zuckerpolarimeter *Saccharomat* I und II von Schmidt & Haensch (Abb. 67), schließlich die Polarimeter von Bendix und Jouan. Die technischen Daten dieser Geräte werden weiter unten in den Tabellen 20 und 25 angegeben, für Spektralpolarimeter in Tabelle 21.

5. Methode:

Ein *Schwingpolarisator* wird im Polarimeter 141 von Perkin-Elmer benutzt und bewirkt (anstelle eines Faraday-Modulators) die Modulation. Er wird durch elektromagnetische Kräfte zu periodischen Drehschwingungen um eine Ruhelage veranlaßt. Im Gegensatz zur Faraday-Modulation sollen nach KERNCHEN [67] allerdings Störungen bei Gebäudevibrationen auftreten können. Bei einer geringen Asymmetrie der Rückstellkräfte wäre eine Nullpunktsdrift zu erwarten, wenn sich die Schwingungsamplitude ändert. Deshalb ist unter Umständen eine Stabilisierung des Erregerstromes erforderlich.

6. Methode:

Die Modulation erfolgt durch *rotierende Sektoren* aus optisch aktiven Quarzsegmenten unterschiedlicher Dicke, die hinter dem feststehenden Polarisator die Polarisationsebene hin- und herschalten (GILLHAM [52] und DEBOUT [5]).

5.2.3. Beschreibung photoelektrischer Polarimeter

5.2.3.1. Generelle technische Ausführung

5.2.3.1.1. Die Lichtquellen

Für die meisten photoelektrischen Polarimeter verwendet man einen mit Gleichstrom gespeisten Quecksilberbrenner, der die Linien 578, 546,07, 435,83, 365,2 und 313 nm ausstrahlt. Einige Polarimeter arbeiten nur mit der hellen grünen Linie 546,07 nm. Mit der letztgenannten Strahlung lassen sich auch an Substanzen mit Extinktionen um 2 ebenso genaue Drehwinkelmessungen machen wie an nicht absorbierenden Substanzen. Das ist mit der gelben Na-Strahlung 589 nicht möglich, hier liegt die Grenze bei Extinktions-Werten um 1. Zwar haben einige photoelektrische

Polarimeter noch einen Na-Brenner als zusätzliche Lichtquelle, obwohl auch der Hg-Brenner im Gelb die Strahlung 578 liefert. Das mag auf Traditionsgebundenheit und Benutzerwünsche zurückzuführen sein, für die kaum noch eine sachliche Begründung besteht. Hinzu kommt, daß bei Speisung mit Wechselstrom (mit Gleichstrom betriebene Na-Brenner haben eine sehr kurze Lebensdauer und sind daher nicht mehr normal handelsüblich) dieser genau sinusförmig sein muß, was bei Netzwechselstrom durchaus nicht selbstverständlich ist. Na-Brenner sind also nur mit Vorbehalt verwendbar. Im Gegensatz dazu sind Hg-Brenner für Gleichstrombetrieb erhältlich und daher ohne Vorbehalt anwendbar.
Der He-Ne-Gaslaser (vgl. S. 27) erweist sich als nützlich, wenn extrem kleine Mengen von Untersuchungsflüssigkeit vorliegen, denn der Laserstrahl ist so eng gebündelt (Strahlendivergenz kleiner als $3 \cdot 10^{-3}$ rad), daß sich Polarimeterröhren mit extrem kleinem Innendurchmesser benutzen lassen. Die Beschränkung auf die rote Strahlung 632,8 nm des genannten Lasers muß dabei in Kauf genommen werden. Einige Polarimetermodelle bedienen sich zusätzlich noch einer Xenon-Lampe in Verbindung mit einem Monochromator, um jenseits der UV-Linie 313 nm des Hg-Brenners Drehwinkelmessungen vornehmen zu können; die untere Grenze liegt dann aber bei etwa 220 nm (für Kalkspat-Polarisatoren). Glühwendellampen mit Interferenzfiltern können nur mit gewissen Vorbehalten angewandt werden.
In dem Monochromator kann ein Meßinstrument eingebaut sein, das die Extinktion der Meßprobe anzeigt, wobei die Empfindlichkeit der Anzeige in Stufen umgeschaltet werden kann. Dies ist z. B. beim photoelektrischen Polarimeter 141 M von Perkin-Elmer der Fall, bei dem Entladungslampen mit einem Monochromator verwendet werden.

5.2.3.1.2. Die Einstellgenauigkeit

Die untere Grenze liegt zur Zeit bei $\pm 0{,}001°$. Um sie zu erreichen und zu nutzen, bedarf es durchdachter Anordnungen nicht nur im Gerät selbst, sondern auch im Zubehör (Küvetten, Thermostasierung, elektrischer Zubehör). Die Einstellgenauigkeit mindert sich ohne besondere Maßnahmen mit zunehmender Extinktion der Meßsubstanz. Allerdings gelingt es, den Sekundärelektronenvervielfacher für abnehmende Strahlungsströme bis zu gewissem Grade selbsttätig auf konstant bleibende Empfindlichkeit zu adaptieren. Dies geschieht über die Speisespannung des Vervielfachers, die umgekehrt proportional zum gesamten Strahlungsstrom gehalten wird.

5.2.3.1.3. Die Modulation des linear polarisierten Lichtes

Bei den meisten photoelektrischen Polarimetern trifft man die harmonische Faraday-Modulation an, weil bei ungestört sinusförmiger Modulation keine weiteren Störfrequenzen außer der durch Resonanzschwächung unwirksam zu machenden Frequenz $2\,\omega t$ auftreten, was bei mechanisch modulierenden Einrichtungen technisch recht schwierig ist. Sobald sich nämlich Störungen der sinusförmigen Modulation zeigen, z.B. durch Erschütterungen, wird die Meßgenauigkeit merklich beeinträchtigt.

5.2.3.1.4. Einstellung und Ablesung der Drehwerte

Wie bei visuellen Polarimetern kann auch bei den photoelektrischen Polarimetern die optische Drehung der Meßsubstanz durch Nachdrehen des Analysators bzw. Vordrehen des Polarisators bis zum Abgleich gemessen werden, d.h. bis zum Verschwinden des Signalphotostroms. So geschieht es auch bei den meisten der handelsüblichen photoelektrischen Polarimeter, und zwar entweder von Hand oder automatisch.
Im ersten Falle kann ein phasenempfindlicher Gleichrichter mit einem auch den Drehsinn anzeigenden Nullinstrument als drehrichtungsempfindlichem Abgleichindikator verwendet werden. Im zweiten Falle kann der verstärkte Signalphotostrom des Sekundärelektronenvervielfachers als Steuerstrom für einen Servomotor benutzt werden, der die Abgleichdrehung in Abhängigkeit vom Phasenwinkel zwischen Signalphotostrom und Erregerstrom des Faraday-Modulators bewirkt.
Die Drehung des Analysators kann entweder an zwei diametralen Stellen eines Teilkreises mit mikroskopischer oder Projektionsvergrößerung abgelesen oder über einen Analog-Digital-Wandler von einem Zifferwerk bis zur 3. Dezimale angezeigt werden. Es lassen sich auch ein Schreiber und ein Drucker anschließen. Ein Schema ist in Abb. 40 dargestellt.

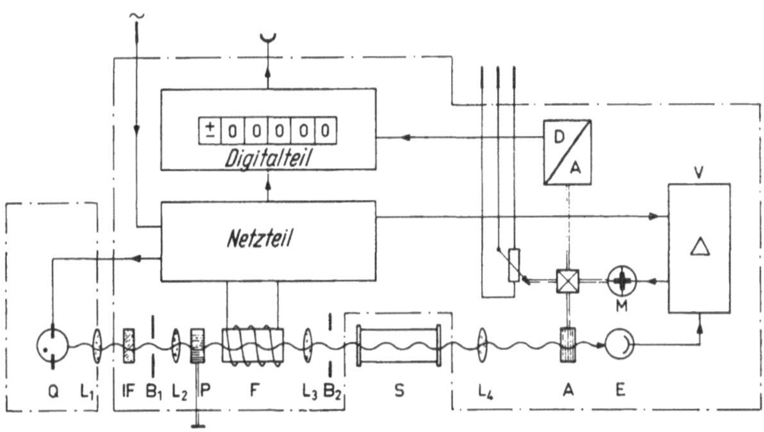

Abb. 40: Beispiel für das Funktionsschema eines photoelektrischen Polarimeters mit Faraday-Modulation (Digitalpolarimeter von Carl Zeiss)

Q Quecksilberspektrallampe; L_1, L_2, L_3, L_4 Linsen; *IF* Interferenzfilter; B_1, B_2 Blenden; *P* Polarisator; *F* Faraday-Modulator; *S* Küvette; *A* Analysator; *E* Sekundärelektronenvervielfacher; *V* Verstärker; *M* Stellmotor; *AD* Analog-Digital-Umsetzer. Ausführliche Erklärungen gibt M. MÄCHLER im Sonderdruck S 50—689 von Carl Zeiss, Oberkochen, insbesondere auch über den Analog-Digital-Umsetzer und die Informationsverarbeitung im Digitalteil

Wenn ein Schreiber benutzt wird, muß der Bereich für Vollausschlag umgeschaltet werden können. So ist z.B. beim Perkin-Elmer 141 M Umschaltung auf die Drehungen 10°, 2°, 0,5° oder zyklisch durch automatische Bereichswechsler auf 40°, 8°, 2° und 1° möglich (vgl. auch Tabelle 21).

Bei photoelektrischen Polarimetern mit der Möglichkeit, optische Drehungen bei verschiedenen Wellenlängen zu messen, also z.B. bei Vorhandensein eines Hg-Brenners, muß beachtet werden, daß sich der Nullpunkt mit der Wellenlänge verschiebt. Dies beruht auf verschiedenen Ursachen, die einen zwar geringen, aber bei hoher Meßgenauigkeit merklichen Einfluß auf die Messung haben. Vor allem ist Doppelbrechung im Polarisator, im Analysator, in den Abschlußgläsern der Küvetten und ganz besonders in den Stäben von Faraday-Modulator und -Kompensator dafür verantwortlich. Schon ganz minimale Spannungsdoppelbrechung, wie sie in Gläsern trotz Präzisionskühlung und in den Stäben trotz Tempern nach der optischen Bearbeitung immer noch vorhanden ist, wirkt sich hier aus. Doppelbrechung verursacht eine Änderung des Polarisationszustandes. Nun ist Doppelbrechung mit spektraler Dispersion behaftet, daher auch die von ihr bewirkte Änderung des Polarisationszustandes. Dispersion der Doppelbrechung vom Betrage $1 \cdot 10^{-8}$ in einem Quarzglasstab von 100 mm Länge ergibt eine Dispersion des Nullpunkts von $2 \cdot 10^{-4}$ Grad. Ja sogar der Erdmagnetismus verursacht im Faradaystab eine magneto-optische Drehung von $5 \cdot 10^{-4}$ Grad bei $\lambda = 589$ nm und wegen der erheblichen Dispersion der Verdetschen Konstante somit eine merkliche Dispersion des Nullpunktes. Womöglich hat auch das Polarimeter selbst einen eigenen Magnetismus, der stärker ist als der Erdmagnetismus. Somit muß für jede Wellenlänge der Nullpunkt ermittelt und bei Digital-Polarimetern jeweils eingestellt werden.

Bei einigen der photoelektrischen Polarimeter wird die optische Drehung der Meßsubstanz mit einem gleichstromgespeisten Faraday-Kompensator ausgeglichen. Der dafür erforderliche Gleichstrom wird mit einem Galvanometer oder Digitalvoltmeter gemessen, dessen Skala bzw. Anzeige gleich den optischen Drehwinkel angibt. Die Faraday-Kompensation erfolgt dabei automatisch über den verstärkten Signalphotostrom, bis dieser verschwindet. Bei diesem Verfahren ist der von der Skala des Anzeigegeräts erfaßte Drehwertbereich relativ klein, und zwar um so kleiner, je niedriger die Meßfehler sein sollen, denn Meßbereich und Meßfehler stehen bekanntlich in einem festen Verhältnis, das bei den elektrischen Feinmeßinstrumenten der Klasse 0,1 den Betrag 1000 : 1 praktisch nicht übersteigt. Es sind daher elektrische oder optische Meßbereichsumschaltungen erforderlich.

5.2.3.1.5. Küvetten

Die Schichtlänge der Küvetten (Polarimeterröhren) beträgt bei den meisten photoelektrischen Polarimetern normalerweise 100 mm; es werden aber auch kürzere (z. B. 5 mm) und längere Küvetten (bis 200 mm) benutzt. Natürlich bedeuten längere Küvetten eine Herabsetzung des *Lichtleitwertes*. Hierunter versteht man eine geometrische Größe folgender Art:

$$\text{Lichtleitwert} = \frac{(\text{Blendenfläche 1}) \times (\text{Blendenfläche 2})}{(\text{Blendenabstand})^2}, \qquad (109)$$

wobei die Blenden 1 und 2 beiderseits der Küvette gemeint sind. Der Lichtstrom ist proportional dem Lichtleitwert, er sinkt also quadratisch mit zunehmender Länge des Küvettenraumes. Bei verringertem Lichtstrom tritt das Rauschen stärker in Erscheinung. Dieses Rauschen vermindert die Meßgenauigkeit stärker, als sie durch die (proportionale) Vergrößerung des optischen Drehwinkels mit zunehmender Küvettenlänge gesteigert wird. Wenn außerdem die Meßsubstanz das Licht absorbiert, können lange Küvetten ganz unzweckmäßig werden. Ein praktisches Beispiel möge dies erläutern.

Die Meßsubstanz habe in einer Röhre von 100 mm Länge die Extinktion 3 und liefere den Drehwinkel α mit einer Standardabweichung von 0,015°. In der halb so langen Röhre von 50 mm beträgt die Extinktion nur die Hälfte und ebenso ist der Drehwinkel nur $\alpha/2$, aber es ergibt sich für diesen Drehwinkel die Standardabweichung 0,004°, die also merklich unter der Hälfte des obigen Wertes liegt.

Grundsätzlich empfiehlt es sich, nur so lange Röhren zu verwenden, daß die Extinktion 2 nicht überschritten wird. Wenn dabei extrem kurze Röhren herauskommen, so muß gegebenenfalls eine *Röhrenquerschnittskorrektion* am gemessenen Drehwert angebracht werden, falls der Röhrenraum zwischen Meßfeldblende und Aperturblende des Polarimeters nicht wesentlich länger als die kurze Röhre ist. Es geht dabei um folgendes:

Der Lichtbündelquerschnitt in der Meßprobe wird durch zwei gleich große Blenden vor und hinter der Röhre begrenzt. Zwischen diesen Blenden gibt es daher auch Lichtbündel, die innerhalb eines gewissen Winkels gegen die Röhrenachse geneigt sind und als solche in der Meßprobe etwas längere Wege durchlaufen, als dies das axiale Lichtbündel tut (Hansen und Mohr [59]). Den längsten Weg nehmen die Strahlen, die gegenüberliegende Stellen der Blenden streifen; die ihnen entsprechende optische Drehung wirkt sich jedoch auf das Meßergebnis nicht aus, weil der Bündelquerschnitt hierfür gleich Null ist. Aber weniger geneigte Bündel bilden Querschnitte, die um so größer sind, je geringer die Neigung ist. Man kann zu jeder Neigung β_m den Bündelquerschnitt errechnen und diesen als Gewicht des Anteils der betreffenden schiefen Länge l_m einsetzen, wenn man anschließend durch Integration über alle Winkel β_m die effektive Weglänge $\bar{l}$ in der Meßprobe sucht. Bezeichnet man den Durchmesser der Blenden mit D und die axiale Länge der Polarimeterröhre mit l, so ergibt sich eine effektive Weglänge $\bar{l}$ im Bündelquerschnitt, die um einige Promille größer als l ist. Um diesen Promillesatz größer ist dann auch der gemessene Drehwinkel $\bar{\alpha}$ gegenüber dem Drehwinkel α für das axiale Lichtbündel. Um diesen systematischen Meßfehler muß also $\bar{\alpha}$ verkleinert werden, wenn man das α für Anwendung des Biotschen Gesetzes bekommen möchte, wobei wiederholt sei, daß dies nur nötig ist, wenn der Röhrenraum nicht merklich größer ist als die kurze Röhre.

Die effektive Weglänge ist

$$\bar{l} = \frac{\int_0^1 F_m \cdot l_m \cdot dm}{\int_0^1 F_m \cdot dm}; \tag{110}$$

hier ist die wirksame Querschnittsfläche unter dem Neigungswinkel β_m:

$$F_m = \frac{D^2}{2} \cdot \frac{\frac{\pi}{2} - m \cdot \sqrt{1 - m^2} - \text{arc sin } m}{\sqrt{1 + m^2 (D/l)^2}}, \tag{111}$$

mit D als Durchmesser der beiden Blenden und $0 \leqq m \leqq 1$, wobei $m = 0$ für die Röhrenachse und $m = 1$ für den Randwinkel gelten. Für $m = 0$ ist $F_m = \frac{\pi}{4} D^2$, für $m = 1$ ist $F_m = 0$. Die schiefe Weglänge für den Neigungswinkel β_m ist

$$l_m = l \sqrt{1 + m^2 (D/l)^2}. \tag{112}$$

Somit ergibt sich bei Beschränkung auf Glieder 2. Ordnung

$$\bar{l} \approx l \left[1 + \frac{1}{15} \left(\frac{D}{l}\right)^2\right], \tag{113}$$

d.h. ein systematischer Meßfehler des Drehungswinkels α vom Betrage

$$\tilde{\alpha} - \alpha \approx \frac{1}{15} \left(\frac{D}{l}\right)^2 \cdot \alpha. \tag{114}$$

Im allgemeinen ist die Länge des Röhrenraumes zwischen Meßfeldblende und Aperturblende, die mit L bezeichnet sei, mehr oder weniger größer als die Röhrenlänge l. In diesem Falle lautet (114)

$$\tilde{\alpha} - \alpha \approx \frac{1}{15} \left[\frac{D}{l + n(L - l)}\right]^2 \cdot \alpha, \tag{115}$$

wobei n die Brechungszahl der in der Röhre befindlichen Meßprobe ist. Wenn der systematische Meßfehler in der Größenordnung der zufälligen Fehler liegt, gibt es einen Winkel $\tilde{\alpha}$, oberhalb dessen der systematische Fehler nach (115) als Korrektur am Drehwert α angebracht werden muß. Dies wird an einem Beispiel erläutert. Beispiel: $D = 6$ mm, $L = 60$ mm, $l = 20$ mm, $n = 1{,}4$; hierfür wird

$$\tilde{\alpha} - \alpha \approx \frac{\tilde{\alpha}}{2400}.$$

Bei Annahme eines zufälligen Fehlers von 0,005° ist demnach die Korrektur anzubringen, wenn $\tilde{\alpha} \geqq 12°$ ist.

Die *Länge* der Küvetten muß bei Genauigkeiten in der Größenordnung von 10^{-3} Grad außerordentlich genau bekannt sein (in der Größenordnung von 10^{-3} mm). Deshalb und auch wegen des Temperaturkoeffizienten der optischen Drehung ist eine ganz strenge Thermostasierung erforderlich.

Besonderes Augenmerk ist den *Abschlußgläsern* der Röhren zu zollen. Hier sind die Anforderungen um eine Größenordnung strenger als in der visuellen Polarimetrie. Wie KING [68] untersucht hat, zeigen parallelstreifige Verschmutzungen (z. B. nach dem Wischen mit einem unsauberen Tuch) einen dichroitischen Effekt, und wenn dieser nur 0,01 % der mittleren Durchlässigkeit beträgt, treten schon Drehungsabweichungen um $3 \cdot 10^{-3}$ Grad auf. Auch Spannungsdoppelbrechung in den Abschlußgläsern verursacht eine Eigendrehung der Gläser. Zur Elimi-

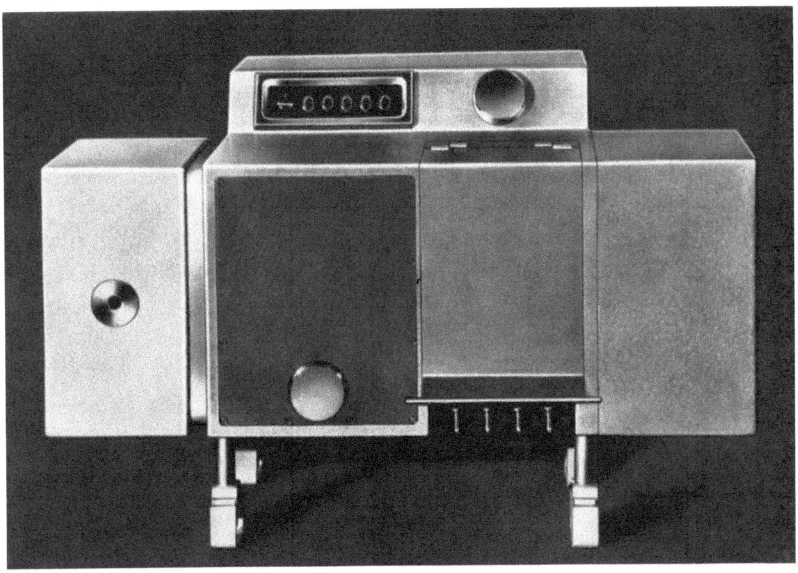

Abb. 41: Digitalpolarimeter OLD 4 (Werkfoto Carl Zeiss). Vgl. Tabelle 20

Abb. 42: Lichtelektrisches Präzisionspolarimeter 0,005° (Werkfoto Carl Zeiss). Vgl. Tabelle 20

nierung all solcher Fehler empfiehlt KING, in der photoelektrischen Polarimetrie bei der Nullpunktsbestimmung am reinen Lösungsmittel und bei der Drehwerteinstellung an der Lösung die Röhren mit den Abschlußgläsern in gleicher azimutaler Orientierung zu lagern und zwischen Nullpunktseinstellung und Drehwerteinstellung die Abschlußgläser nicht nochmals zu wischen.

5.2.3.2. (Tabelle 20 siehe am Schluß des Bandes)

5.2.3.3. Institutsmäßige Einzelausführungen von photoelektrischen Polarimetern

Neben der in Tabelle 20 angeführten Auswahl von photoelektrischen Polarimetern sind im Schrifttum noch institutsmäßige Einzelausführungen bekannt geworden. Sie können hier nicht beschrieben werden, zumal grundsätzliche Konstruktionsbesonderheiten nicht vorliegen. Der Vollständigkeit halber seien jedoch die betreffenden Literaturstellen zitiert, die im Schrifttumsanhang spezifiziert sind:

[4] BURKHARDT, [5] DEBOUT, [10] FOPIANO und TRAGESER, [33] BÜHRER et al., [53] GILLHAM, [63] INGERSOLL und JAMES, [65] KARUSH, [66] KENYON, [70] KUDRJASTSCHEW, [74] LANDEGREN, [76] LANDT und HIRSCHMÜLLER, [77] LEVY et al., [83] MALCOLM und ELLIOT, [90] RANK et al., [104] TODESCO, [106] TRAGESER.

Herausgehoben werden muß jedoch das photoelektrische Polarimeter, das im Laboratorium für Polarimetrie der PHYSIKALISCH-TECHNISCHEN BUNDESANSTALT in Braunschweig gebaut worden ist. Es enthält beste Kalkspatpolarisatoren und arbeitet mit der bewährten Faraday-Modulation, letztere mit 71 Hz, um Störungen durch die Netzfrequenz 50 Hz ganz sicher zu vermeiden. Der Teilkreis hat eine besonders exakte Ausführung. So sind Drehungswinkel mit der Genauigkeit $1'' \approx 0{,}0003°$ bestimmbar. Dieses Polarimeter hat dazu gedient, die Rotationsdispersion von Quarz bei diskontinuierlich verteilten Wellenlängen zu bestimmen, worüber BÜNNAGEL und OEHRING [36] berichten. Nach diesen Bestimmungen konnte eine Übereinstimmung zwischen den am Quarz gemessenen und den nach der Drudeschen Gleichung (20) berechneten Werten bis in die dritte Dezimale erreicht werden. Außerdem konnten BÜNNAGEL und HAHNE [35] mit diesem Polarimeter die Temperaturabhängigkeit der spezifischen Drehung von Quarz im ganzen sichtbaren Spektrum [siehe die Gleichungen (13) und (14)] bestimmen.

5.2.4. Registrierende Spektralpolarimeter

Spektren der optischen Rotationsdispersion (ORD) mit strukturiertem Verlauf der Kurven informieren über die räumliche Lage von Asymmetriezentren im Molekül. Besonders wertvoll ist die Auswertung solcher

Kurven zum Zweck der stereochemischen Strukturanalyse. In dieser Hinsicht ist die Messung der ORD unentbehrlich zur Konfigurationsbestimmung und zur Konformationsanalyse.

5.2.4.1. Aus der Vorgeschichte der Spektralpolarimeter

Die primitivste Methode zur Bestimmung der ORD besteht darin, daß man die Drehung bei diskret verteilten Wellenlängen mißt und zwischen den Meßwerten interpoliert. Dies ist noch keine Spektralpolarimetrie im eigentlichen Sinne, da eine solche das Spektrum kontinuierlich erfassen muß.

Fizeau und Foucault [50] zerlegten 1845 spektral das aus dem Analysator austretende Licht, wenn Polarisator und Analysator parallel stehen. Wird das Licht einer bestimmten Wellenlänge innerhalb der Meßstrecke um 90° gedreht, so entsteht im Spektrum an der betreffenden Stelle ein schwarzer Streifen, der aber recht unscharf ist. Die Verlagerung des schwarzen Streifens im Bild des Spektrums bei Änderung der Schichtdicke der drehenden Substanz wurde ermittelt. Lippich [78], [79] bediente sich 1882 dieses Verfahrens in Kombination mit dem Halbschattenfeld. Das Spektrum war durch die Trennungslinie längsgeteilt, beiderseits dieser Linie lagen die dunklen Streifen gegenseitig um ein weniges versetzt, bestimmt wurde diejenige Stelle im Spektrum, bei der die Trennungslinie nicht sichtbar war, weil dort zu ihren beiden Seiten die Schwärzung gleich ist.
Eine Abwandlung der Methode von Fizeau und Foucault wurde 1889 auch von Lommel [81] angewandt, wobei ein parallel zur Achse geschnittener Quarz Anlaß zu mehreren dunklen und gebogenen Längsstreifen im Spektrum ergibt. Diese sind bei einer bestimmten Wellenlänge unterbrochen.
Cotton und Descamps [42] benutzten 1926 ein *photographisches* Verfahren auf der Grundlage der Fizeau-Foucaultschen Idee.
Landau [73] wandte 1908 die Lippichsche Methode *photographisch* an. Haas und Neuleib [56] beschreiben 1962 ein spektrographisches Verfahren, bei dem das moderne *Äquidensitenverfahren* angewandt wird. Die älteren Verfahren können hier nicht alle beschrieben werden. Sie haben heute lediglich historisches Interesse. Descamps [45] gibt dazu einen lesenswerten Überblick.

Nur einige Daten aus der Entwicklungsgeschichte *photoelektrischer* Spektralpolarimeter seien erwähnt. Broser und Lautsch [29] konstruierten 1951 als erste ein Spektralpolarimeter, das nach dem von Kenyon [66] angegebenen „Verfahren symmetrischer Winkel“ arbeitete (vgl. S. 72) und mit einem Sekundärelektronenvervielfacher versehen war. Die Unterschiedsschwelle lag bei $\pm 0{,}015°$. Rank, Light und Yoder [90] versuchten 1950 als erste, ein registrierendes photoelektrisches Polarimeter zu konstruieren, das jedoch nur halbautomatisch arbeitete, und als Meßgröße das Minimum des Strahlungsstroms benutzte, daher nicht genau genug war. Die Analysatorstellung beim Minimum des Photostroms wurde automatisch registriert. Das erste vollautomatische Spektralpolarimeter wurde 1958 von Bührer, Kohler und Günthard [33] beschrieben. Als Modulator diente eine rotierende Sektorenscheibe mit rechts und links drehendem Quarz, als Detektor ein

Sekundärelektronenvervielfacher; die Einrichtung war kombiniert mit einem Quarzspektrograph DK 1 von Beckmann.
Wenking kündigte 1961 in einer kurzen Mitteilung [110] ein lichtelektrisches Spektralpolarimeter mit Registrierzusatz an, das ein Lichtelektrisches Kreispolarimeter 0,005° von Zeiss mit einem Zeiss-Doppelmonochromator MM 12 und einem XY-Schreibgerät kombinierte; der Antrieb der Wellenlängenverstellung des Doppelmonochromators erfolgte motorisch und wurde durch Präzisionsmeßwertgeber zum Registriergerät übertragen. Die erwähnenswerten technischen Daten dieses Spektralpolarimeters waren: Wellenlängenbereich 225 bis 700 nm, Teilkreisablesung direkt 0,005°. Ein Baumuster wurde auf der Achema 1961 in Frankfurt auf dem Zeiss-Stand gezeigt. Es war ein einmalig gebauter Vorläufer des Zeiss-Spektralpolarimeters REPM 12 (Abb. 43).

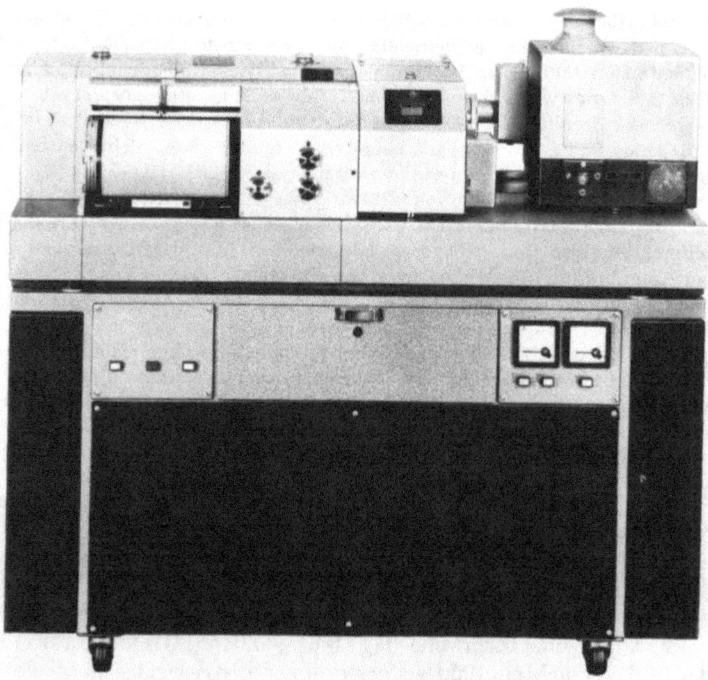

Abb. 43: Spektralpolarimeter REPM 12 (Werkfoto Carl Zeiss)

5.2.4.2. Spezielle technische Ausführung von Spektralpolarimetern

Im wesentlichen hat der Meßteil von Spektralpolarimetern gleiche Merkmale wie die oben beschriebenen photoelektrischen Polarimeter zur Messung der optischen Drehung bei fest gewählten Wellenlängen. Dem

Meßteil eines Spektralpolarimeters ist ein *Doppelmonochromator* vorgeschaltet, auf dessen Eintrittsspalt die Lichtquelle abgebildet wird. Als solche wird eine Xenon-Hochdrucklampe verwendet, die auch im Ultraviolett so stark strahlt, daß ein Spektralgebiet von 200 nm bis 800 nm ohne Lichtquellenwechsel zur Verfügung steht (Reule [91]). Die Doppelmonochromatoren sind Gittergeräte oder Quarzprismengeräte von hoher Dispersion und von minimalem Falschlichtanteil.

Polarisator und Analysator von Spektralpolarimetern können nicht aus dichroitischen Folien bestehen, es müssen Glan-Prismen aus Kalkspat sein oder Rochon-Prismen aus Quarz. Besonders elegant ist es, Quarz gleichzeitig als Dispersionselement und als Polarisator bzw. Analysator zu verwenden (Gates und King [51], Grosjean und Tari [55]). Die Funktionen von Monochromator und Polarimeter sind dabei vereinigt; zwei kristalline Quarzprismen sowohl für die spektrale Zerlegung als auch für die Polarisierung stehen fest, die spektrale Zerlegung wird durch Drehen von zwei fest verbundenen Planspiegeln um eine gemeinsame Achse bewirkt.

In neuerer Zeit werden als Polarisationselemente Rochon-Prismen aus Ammoniumdihydrogenphosphat in einer Cyclohexanimmersion verwendet, dadurch wird die ultraviolette Absorptionsgrenze (etwa 220 nm bei Kalkspat) bis 185 nm verlagert.

Wenn das Spektralpolarimeter mit Faraday-Kompensation betrieben wird, ist zu beachten, daß die Verdetsche Konstante eine starke Dispersion aufweist; der funktionelle Zusammenhang zwischen Drehungswinkel und kompensierendem Gleichstrom muß daher spektral linearisiert werden. Die *Linearisierung* kann mittels einer Kurvenscheibe oder eines nichtlinearen Potentiometers geschehen.

Beim Schreiben von Kurven der optischen Rotationsdispersion interessiert die Abhängigkeit der optischen Drehung einerseits von der *Wellenlänge*, andererseits von der *Wellenzahl*. Ersteres gilt für die Chemie, letzteres für Probleme der Strukturaufklärung. Es ist daher eine wahlweise Umschaltung zwischen linearem Wellenlängenmaßstab und linearem Wellenzahlmaßstab wünschenswert und technisch auch durchführbar, wie das Zeiss *Spektralpolarimeter* REPM 12 zeigt.

Die Schreibbreite begrenzt den *Meßbereich* für die optische Drehung, deshalb müssen die Winkelbereiche den Anforderungen entsprechend wählbar sein. Wählbar können auch sein: spektrale Bandbreite, Spektralbereich, Dämpfung und Registriergeschwindigkeit. Insbesondere lassen sich die Spaltbreiten und -längen der Doppelmonochromatoren koppeln und selbsttätig regeln. Im Zusammenhang mit der Wählbarkeit des Drehwinkelmeßbereichs steht die Forderung nach einer *Nullpunktseinstellung* auf den Registrierbereich, sie kann motorisch nach einem Programm gesteuert werden. Die Dispersion des Nullpunkts kann an mehreren Stellen des Gesamtspektrums elektrisch kompensiert werden, so daß zwischen diesen nur unwesentliche Nullpunktsaberrationen verbleiben.

Die Entwicklung von Spektralpolarimetern ist noch stark in Fluß. In den kommenden Jahren sind bestimmt noch beachtenswerte Neuerungen zu erwarten.

Differenzmessungen der optischen Rotationsdispersion lassen sich am Cary *Spectropolarimeter* 60 machen, weil dort unmittelbar hinter dem Faraday-Modulator der Strahlengang sehr spitzwinklig reflektiert wird. Vor dem Modulator steht eine Küvette mit der Vergleichsprobe (z.B. mit einer nicht verunreinigten optisch-aktiven Lösung), hinter dem Modulator durchsetzt der reflektierte Strahlengang eine neben der erstgenannten Küvette befindliche zweite Küvette mit der Meßprobe (z.B. optisch-aktive Lösung, deren Verunreinigungsgrad polarimetrisch bestimmt werden soll). Für beliebige Wellenlängen läßt sich so die Differenz der optischen Drehungen beider Lösungen direkt bestimmen. Da die Differenz wesentlich kleiner ist als die Drehung jeder einzelnen Lösung, kann die Bestimmung mit Einschaltung eines empfindlichen Drehbereichs erfolgen.

5.2.4.3. (Tabelle 21 siehe am Schluß des Bandes)

6. Ellipsometrie mit Polarimetern

6.1. Grundformeln der Ellipsometrie bei Phasensprung in Reflexion an dünnen Schichten

Wie auf S. 5 gezeigt wurde, ist Zirkulardichroismus (CD) mit Elliptizität der Lichtschwingungen verbunden, wobei die Elliptizität durch den Winkel ϑ nach Gleichung (3) ausgedrückt wird. Auf dieses Elliptizitätsmaß wird in Kürze noch näher eingegangen werden.

Elliptizität der Lichtschwingungen tritt auch auf, wenn linear polarisiertes Licht an dünnen Schichten reflektiert wird, wobei die Schwingungskomponenten parallel und senkrecht zur Einfallsebene außer Phase geraten. Welche Bedeutung dies hat, wird noch darzulegen sein, vorher jedoch sei der mathematisch formulierte Zusammenhang zwischen einem so verursachten *Phasensprung* und der *Elliptizität* herausgearbeitet.

Linear polarisiertes Licht

$$P = p \cdot \cos \omega t \tag{116}$$

schwinge im Koordinatensystem X, Y im 1. und 3. Quadranten (Abb. 44 links), seine Komponenten nach X und Y sind daher

$$\begin{aligned} X &= u \cdot \cos \omega t \quad \text{mit} \quad u = p \cdot \cos \chi, \\ Y &= v \cdot \cos \omega t \quad \text{mit} \quad v = p \cdot \sin \chi. \end{aligned} \tag{117}$$

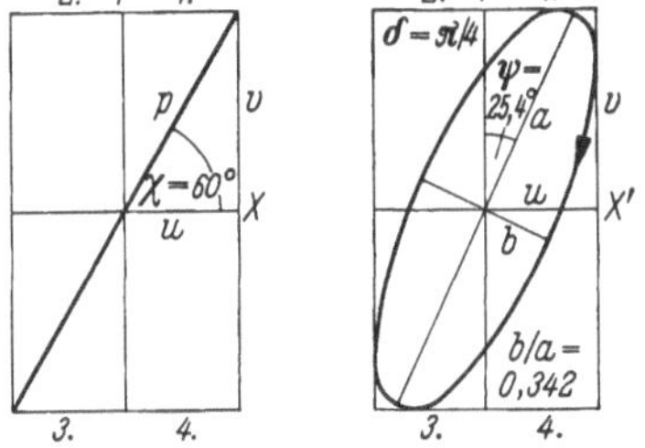

Abb. 44: Entstehung von elliptisch polarisiertem Licht durch Phasensprung. Siehe Text

X und Y seien dabei die Schwingungsrichtungen parallel und senkrecht zur Einfallsebene, wenn P reflektiert wird, wobei ein Phasensprung

$-2\pi < \delta < +2\pi$ auftritt, so daß die reflektierten Schwingungskomponenten sich darstellen lassen durch

$$X' = X = u \cdot \cos \omega t, \quad Y' = v \cdot \cos(\omega t + \delta). \tag{118}$$

Diese setzen sich im allgemeinen zu einer elliptischen Schwingung (Abb. 44 rechts) zusammen. Die resultierende Schwingungsellipse hat die Halbachsen a und b, die Halbachse a bildet mit der Y-Achse einen Winkel ψ, der positiv (negativ) ist, wenn a im ersten (zweiten) Quadranten liegt. Setzt man

$$v/u = \tan \chi, \quad 0° < \chi < +90°, \tag{119}$$

$$|b/a| = \tan |\vartheta|, \tag{120}$$

so gilt:

$$a^2 + b^2 = u^2 + v^2, \quad a = p \cdot \cos \vartheta, \quad b = p \cdot \sin \vartheta, \tag{121}$$

$$\tan 2\psi = -\tan 2\chi \cdot \cos \delta, \quad -90° < \psi < +90°, \tag{122}$$

$$\cos 2\vartheta = -\frac{\cos 2\chi}{\cos 2\psi} > 0; \quad -45° < \vartheta < +45°, \tag{123}$$

$$\sin 2\vartheta = \sin 2\chi \cdot \sin \delta \quad \text{zur Kontrolle.} \tag{123a}$$

Aus (123) ergibt sich zunächst ein Absolutwert für ϑ. Sein Vorzeichen ist plus (minus), wenn δ plus (minus) ist; dann ist die Lichtschwingung rechts- (links-) elliptisch.

Tabelle 22: Elliptizität für verschiedene Beispiele nach (122) und (123)

p	10	10	10	10	10	10
χ	60°	60°	60°	60°	60°	45°
u	5	5	5	5	5	7,07
v	8,66	8,66	8,66	8,66	8,66	7,07
δ	0	$\pm\pi/4$	$\pm\pi/2$	$\pm 3\pi/4$	$\pm\pi$	$\pm\pi/2$
ψ	+30°	+25,4°	0°	−25,4°	−30°	unbest.
$\|b/a\|$	0	0,342	0,576	0,342	0	1
a		9,46	8,66	9,46		7,07
b		3,24	5,0	3,24		7,07
	linear 1. Quadr.	r-ell l-ell	r-ell l-ell	r-ell l-ell	linear 2. Quadr.	r-zirk l-zirk

Man kann umgekehrt aus den gemessenen Daten ψ und ϑ der Schwingungsellipse einen unbekannten Phasensprung δ ableiten, z. B. im Falle $\chi = 45°$ ist $\delta = 2\vartheta$.

Die Ausmessung von Schwingungsellipsen wird in der neueren Literatur als *Ellipsometrie* bezeichnet. Sie wird zum Studium dünner Schichten verwendet, hauptsächlich zur Untersuchung von Fremdschichten (Übergangsschichten) auf Flüssigkeits- und Metallflächen, aber auch auf anderen Trägerkörpern. DRUDE [46] formulierte mathematisch den Zusammenhang zwischen der Minimaldicke d_{min} der Fremdschicht auf einem Dielektrikum und dem elliptischen Polarisationszustand des reflektierten Lichtes. Wenn angenommen wird, daß Fremdschicht und Dielektrikum nicht absorbieren, das einfallende Licht linear polarisiert ist im Winkel 45° zur Einfallsebene und der Einfallswinkel gegen die Normale mit i bezeichnet wird, wenn ferner die Brechungszahl des Dielektrikums n sei und die Dicke der Fremdschicht klein gegen die Lichtwellenlänge ist, so gilt nach DRUDE:

$$d_{min} = \frac{\lambda}{4\pi \cdot n^2} \cdot \frac{n+1}{n-1} \cdot \frac{\tan^2 i - n^2}{\tan i \cdot \sin i} \cdot \tan \delta .$$

Beispiel: $\lambda = 546{,}1$ nm, $i = 45°$, $\chi = 45°$, $n = 1{,}525$;
ellipsometrisch sei gemessen $\vartheta = -0{,}01$ rad,
daraus folgt der Phasensprung $\delta = -0{,}02$ rad,
somit nach der Drudeschen Formel $d_{min} = 3{,}4$ nm.

Das ist ein Betrag, der etwa 10 Atomdurchmessern entspricht.

Zwar wurde DRUDES Formulierung verschiedentlich angegriffen, jedoch fand sie, vor allem in neuerer Zeit, auch wieder Bestätigung. Polarisationsoptische Verfahren der Ellipsometrie sind besonders geeignet, weil sie sehr geringe Fremdschichtdicken zu bestimmen erlauben.

In einem Buch über Polarimetrie kann die Ellipsometrie nicht unerwähnt bleiben. Es sei wiederholt, daß diese zwei Aufgaben gerecht wird: a) der Bestimmung von Zirkulardichroismus, b) der Bestimmung von Fremdschichtdicken und Übergangsschichten aus der Messung des Phasensprungs (BORN [2]). Mehr über diese Zusammenhänge vom Standpunkt physikalischer und chemischer Zustände kann im Rahmen dieser grundlagen- und gerätekundlichen Monographie nicht mitgeteilt werden, zumal darüber Schrifttum besteht. Hinsichtlich des Zirkulardichroismus sei nur auf das Buch von VELLUZ et al. [22] verwiesen, hinsichtlich der Phasensprung-Ellipsometrie auf PASSAGLIA et al. [86], [87]. Daneben existieren zahlreiche weitere Publikationen, die auch in den genannten Büchern angeführt sind.

6.2. Gegenüberstellung von ORD und CD

Bei Cotton-Effekt wird linear polarisiertes Licht in elliptisch polarisiertes Licht umgewandelt (siehe Abb. 6 auf S. 5). Dies ist eine Folge des CD, bei dem die rechts-zirkulare und die links-zirkulare Komponente des linear polarisierten Lichts verschieden stark absorbiert werden.

Optische Drehung hingegen beruht darauf, daß für die rechts-zirkulare und für die links-zirkulare Komponente ungleiche Brechungszahlen gelten.

Demgemäß ist die optische Drehung proportional zum Unterschied Δn_{zirk} der zirkularen Komponenten, während der Zirkulardichroismus proportional zum Unterschied $\Delta \varepsilon_{zirk}$ der molaren Extinktionskoeffizienten ε_{zirk} der beiden zirkularen Komponenten ist.
Sowohl Δn_{zirk} als auch $\Delta \varepsilon_{zirk}$ sind mit der Wellenlänge λ variabel. Man bekommt daher spektrale Kurven einerseits für die optische Drehung (ORD), andererseits für die Elliptizität (CD). Im Spektralbereich anomaler ORD haben die ORD-Kurven Gipfel und Täler, Wendepunkte und Schultern, wie bereits in den Tabellen 6 und 7 beispielhaft dargestellt wurde. Die CD-Kurven hingegen besitzen nur Maxima. Bei Vergleich mit Absorptionskurven ergibt sich, daß im Absorptionsmaximum des Chromophors etwa der Wendepunkt der ORD-Kurve liegt (sofern es sich um eine einfache ORD-Kurve anomaler Rotationsdispersion handelt) und zugleich etwa das Maximum der CD-Kurve.
Welche Bedeutung haben nun die ORD- und die CD-Kurven? Ergänzen sich beide oder sagen sie dasselbe aus? Benötigt man beide Kurven oder genügt die eine von ihnen? Diese Fragen werden anhand zahlreicher systematischer Beispiele unter anderem in den Büchern von Djerassi [6], Snatzke [21] und Velluz, Legrand et Grosjean [22] ausführlich beantwortet. Deshalb sei hier nur eine kurze Zusammenfassung gegeben.
Die ORD- und die CD-Methode ergänzen einander auf mehreren Gebieten. Stereochemische Untersuchungen profitieren von beiden Verfahren. Bislang und wahrscheinlich noch in der Zukunft sind beide Methoden interessant, wobei erwünscht ist, daß sie am gleichen Instrument anwendbar sind, und möglichst herab bis zur Wellenlänge 185 nm. Die CD-Methode wird wahrscheinlich noch an Bedeutung gewinnen. Die ORD-Kurve informiert über die mit Chromophoren assoziierten Cotton-Effekte, über die Gesamtheit aller Asymmetriezentren eines Moleküls, über die stereochemische Umgebung eines Chromophors. Die CD-Kurve informiert quantitativ über den mit einem spezifischen Chromophor in einer unmittelbaren asymmetrischen Umgebung assoziierten Cotton-Effekt. Die CD-Kurve liefert eine bessere Auflösung der verschiedenen optisch aktiven Chromophore, daher ist sie für die Untersuchung von Cotton-Effekten polychromophorischer Substanzen besonders geeignet. Velluz, Legrand und Grosjean widmen allein dem Zirkulardichroismus das schon mehrfach erwähnte umfangreiche Buch [22]. In diesem außerordentlich lesenswerten Werke werden unter anderem die speziellen Meßgeräte und Meßverfahren in großer Ausführlichkeit behandelt.

6.3. Wesen der Ellipsometrie

Es gibt photometrische und polarimetrische Methoden der Ellipsometrie. Im vorliegenden Buch über Polarimetrie werden verständlicherweise bis auf eine Ausnahme (Billingszelle) die *polarimetrischen* Methoden beschrieben, und zwar mit aller gebotenen Ausführlichkeit.

6.3.1. Definition der Elliptizität

Eine rechts-elliptische Schwingung nach Abb. 45 sei beschrieben durch

$$X = b \cdot \sin \omega t, \quad Y = a \cdot \cos \omega t, \tag{124}$$

eine links-elliptische Schwingung alsdann nach Abb. 46 durch

$$X = -b \cdot \sin \omega t, \quad Y = a \cdot \cos \omega t. \tag{125}$$

Die *Elliptizität* wird definiert durch

$$|\tan \vartheta| = \frac{b}{a}. \tag{126}$$

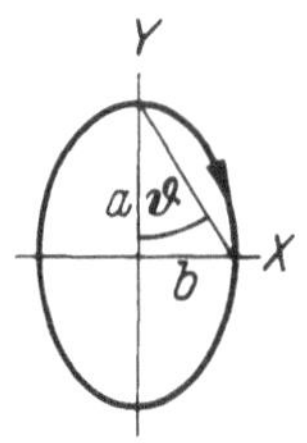

Abb. 45: Rechts-elliptische Schwingung

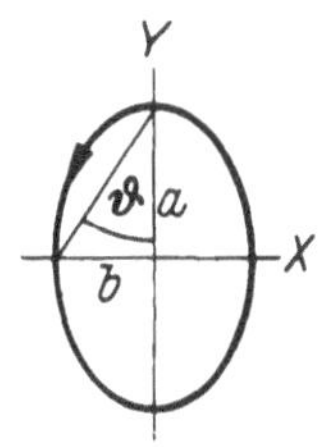

Abb. 46: Links-elliptische Schwingung

Demnach gilt mit $a = 1$:

$$X = \tan \vartheta \cdot \sin \omega t, \quad Y = \cos \omega t \tag{127}$$

sowohl für rechts-elliptische als auch für links-elliptische Schwingungen. Die Schwingungsellipse ist durch ϑ figürlich und dem Umlaufsinne nach bestimmt, und zwar mit der folgenden Vorzeichenregel:

$\tan \vartheta > 0$	rechts-elliptisch,
$\tan \vartheta < 0$	links-elliptisch,
$\tan \vartheta = 0$	linear in der Y-Richtung,
$\tan \vartheta = +1$	rechts-zirkular,
$\tan \vartheta = -1$	links-zirkular,
$\tan \vartheta = \infty$	linear in der X-Richtung.

6.3.2. Drehungsmeßgenauigkeit an einer zirkular-dichroitischen Substanz

Die Durchlaßrichtung des Analysators A bilde mit der X-Achse den Winkel ψ (Abb. 47). Der vom Analysator durchgelassene Lichtstrom Φ der elliptischen Schwingung:

$$X = \tan\vartheta \cdot \sin\omega t, \quad Y = \cos\omega t$$

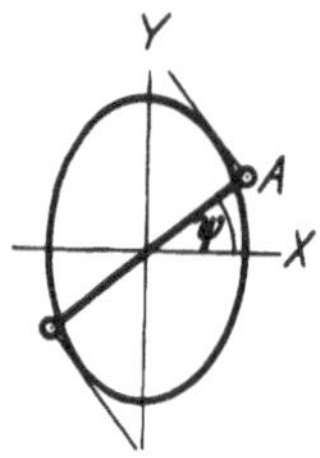

Abb. 47: Durchlässigkeit eines Analysators A für elliptisch polarisiertes Licht

hat den Betrag

$$\Phi \sim \sin^2\psi + \tan^2\vartheta \cdot \cos^2\psi.$$

Bei Verwendung eines drehbaren Halbschatten-*Analysators* mit dem Halbschattenwinkel φ wird die Leuchtdichte bei Abgleich $\left(\psi = \frac{\varphi}{2}\right)$:

$$E \sim \sin^2\frac{\varphi}{2}\left(1 + \frac{\tan^2\vartheta}{\tan^2\frac{\varphi}{2}}\right). \tag{128}$$

In Anlehnung an die Gleichungen (38) und (39) auf S. 39 wird der Minimalbetrag des Abgleichfehlers bei dem Halbschattenwinkel (in Winkelgrad)

$$\varphi_m = 3{,}62\sqrt{p + 1000\tan^2\vartheta} \tag{129}$$

erreicht und beträgt in Winkelgrad

$$\Delta\psi_m = \pm\frac{\varphi_m}{200}. \tag{130}$$

Aber auch der Minimalbetrag φ_m reicht strenggenommen noch nicht aus. Die Begründung ist auf S. 105 bis 106 dargelegt.

6.3.3. Das $\lambda/4$-Plättchen

Messungen der Schwingungsellipse können photometrisch oder polarimetrisch erfolgen. Das photometrische Verfahren des CD vergleicht z. B. die Durchlässigkeiten der zirkular-dichroitischen Substanz für rechts-zirkulares und für links-zirkulares Licht. Das polarimetrische Verfahren beruht auf Beziehungen zwischen der Elliptizität und einem polarimetrisch bestimmbaren Drehwinkel, der sich ergibt, wenn das elliptisch gewordene Licht durch ein $\lambda/4$-Plättchen oder eine diesem analoge Vorrichtung geleitet wird. In dieser Monographie interessiert das polarimetrische Verfahren in erster Linie. Zuvor sei aber das $\lambda/4$-Plättchen erklärt.

Ein $\lambda/4$-Plättchen *(Viertelwellenlängenplättchen)* ist eine planparallele Platte aus Quarz mit ganz bestimmter Plattendicke. Die Platte (Abb. 48) ist so geschliffen, daß die Hauptsymmetrieachse des Quarzmaterials parallel zur Eintritts- und Austrittsfläche liegt. Das Plättchen wird senkrecht durchstrahlt. Der Quarz hat für eine in dieser Art einfallende Strahlung zwei zueinander senkrechte „Hauptschwingungsrichtungen", die man durch die griechischen Buchstaben α und γ zu bezeichnen pflegt, und zwar ist γ parallel zu der Hauptsymmetrieachse A. Man nennt γ auch die „langsame" Achse, weil Wellen mit Schwingungen, die in der Richtung γ erfolgen, sich durch den Quarz langsamer fortpflanzen als Wellen mit Schwingungen, die in der Richtung α erfolgen. Die Fortpflanzungsgeschwindigkeit wird durch die Brechungszahl n gekennzeichnet, weil diese angibt, wieviel mal schneller sich Wellen im Vakuum fortpflanzen als in einem durchsichtigen irdischen Material. Demgemäß hat

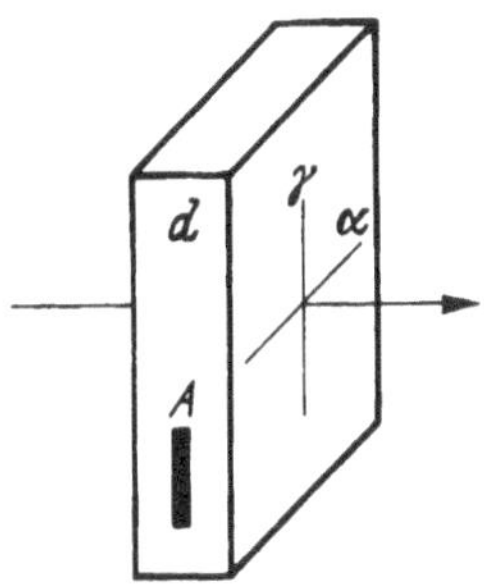

Abb. 48: Hauptschwingungsrichtungen α und γ im $\lambda/4$-Plättchen aus Quarz. Die „langsame" Achse γ ist parallel zur Hauptsymmetrieachse A des Quarzes, d = Plättchendicke.

Quarz zwei Brechungszahlen n_α und n_γ (Doppelbrechung). Dabei ist nach der Definition von γ und α

$$n_\gamma > n_\alpha. \tag{131}$$

Fällt linear polarisierte Strahlung in eine solche Quarzplatte von der Dicke d senkrecht ein, so wird sie zwar nicht gebrochen, aber dennoch in zwei Komponenten mit den Schwingungsrichtungen γ und α zerlegt, die sich auf dem gleichen Wege unterschiedlich schnell im Quarz fortpflanzen. Dadurch haben die Komponenten beim Austritt den Gangunterschied

$$\Gamma = (n_\gamma - n_\alpha) \cdot d. \tag{132}$$

7*

Damit nun dieser Gangunterschied gleich einem Viertel der Lichtwellenlänge wird, muß

$$d = \frac{\lambda}{4(n_\gamma - n_\alpha)} \tag{133}$$

eingehalten werden.

Tabelle 23: Dicke d von $\lambda/4$-Plättchen aus Quarz für verschiedene Wellenlängen λ. n_γ = Brechungszahl der langsamen Welle; n_α = Brechungszahl der schnellen Welle. Für Ultraviolett siehe Tabelle 24 auf S. 112.

λ in μm	n_γ	n_α	$n_\gamma - n_\alpha$	d in μm
0,6908	1,54992	1,54088	0,00904	19,1
0,5893	1,55335	1,54423	0,00912	16,1
0,5461	1,55532	1,54615	0,00917	14,9
0,4861	1,55886	1,54966	0,00930	13,1
0,4358	1,56325	1,55378	0,00947	11,5
0,4047	1,56672	1,55708	0,00964	10,5

Man kann die Dicken d auch mit einem ungeraden Vielfachen der Werte von Tabelle 23 ausführen; dadurch bekommt man praktisch besser herstellbare Plättchen. Im folgenden ist aber der theoretischen Einfachheit halber angenommen, daß der Gangunterschied genau $\lambda/4$ sei.

6.3.4. Die Umwandlung von linear polarisierter Strahlung in elliptisch polarisierte Strahlung durch ein $\lambda/4$-Plättchen. Praktische Anwendung bei der Ellipsometrie

Im Koordinatensystem X, Y (Abb. 49) sei die lineare Schwingung P hinter einem Polarisator beschrieben durch

$$X = 0, \quad Y = \cos \omega t. \tag{134}$$

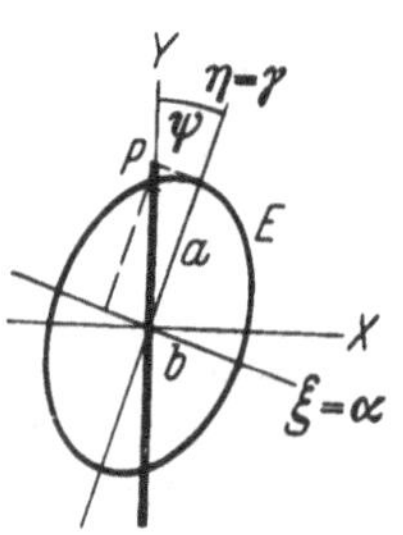

Abb. 49: Umwandlung von linear polarisiertem Licht P in elliptisch polarisiertes Licht E durch ein $\lambda/4$-Plättchen

Diese Schwingung tritt in ein $\lambda/4$-Plättchen ein, dessen langsame Achse γ in die η-Achse des Koordinatensystems ξ, η falle. Die η-Achse bilde mit der Y-Achse den kleinen positiven Winkel ψ. Die Transformation zwischen X, Y und ξ, η ist durch das Schema

	X	Y
ξ	$\cos\psi$	$-\sin\psi$
η	$\sin\psi$	$\cos\psi$

beschreibbar.
Demnach stellt sich die Schwingung P im ξ, η-System dar durch

$$\xi = -\sin\psi \cdot \cos\omega t, \quad \eta = \cos\psi \cdot \cos\omega t. \tag{135}$$

Diese Schwingung verläßt das $\lambda/4$-Plättchen mit der Phasendifferenz $\frac{\pi}{2}$ zwischen ξ und η, d.h. die austretende Schwingung stellt sich dar als

$$\begin{aligned} \xi &= -\sin\psi \cdot \cos\omega t, \\ \eta &= \cos\psi \cdot \cos\left(\omega t - \frac{\pi}{2}\right) = \cos\psi \cdot \sin\omega t, \end{aligned} \tag{136}$$

sie ist also eine elliptische Schwingung E mit der Halbachse $\sin\psi$ in der ξ-Richtung und mit der Halbachse $\cos\psi$ in der η-Richtung.

Bei kleinem Winkel ψ liegt demnach die kleine Halbachse $b \approx \psi$ in der ξ-Richtung, die große Halbachse $a \approx 1$ in der η-Richtung, d.h. $a \approx 1$ in der langsamen γ-Achse des $\lambda/4$-Plättchens. Für $\omega t = 0$ ist $\xi = -\psi$, $\eta = 0$; für $\omega t = \frac{\pi}{2}$ ist $\xi = 0$, $\eta \approx 1$. Je nach dem Vorzeichen von ψ ist die Schwingung rechts-elliptisch oder links-elliptisch. Sie ist rechts-elliptisch für $\psi > 0$, links-elliptisch für $\psi < 0$.
Die *Elliptizität* ist

$$\vartheta = \psi. \tag{137}$$

Anwendung: Ein $\lambda/4$-Plättchen soll so orientiert werden, daß seine γ-Achse parallel zur Durchlaßrichtung des Polarisators steht. Das ist nämlich eine vorbereitende Maßnahme bei der weiter unten (S. 107—108) behandelten Meßtechnik und wird deshalb hier erklärt. Man bringt das $\lambda/4$-Plättchen zwischen Polarisator und Analysator, nachdem man vorher ohne $\lambda/4$-Plättchen den Analysator auf Auslöschung, d. h. gekreuzt zum Polarisator orientiert hat. Beim Einschalten des $\lambda/4$-Plättchens wird die γ-Achse zunächst nicht genau parallel zur Durchlaßrichtung des Polarisators stehen, sondern mit dieser einen Winkel ψ bilden. Es entsteht daher elliptisch polarisiertes Licht, das im Analysator eine Aufhellung gibt. Man dreht nun bei feststehendem Analysator das $\lambda/4$-Plättchen bis zur Auslöschung im Analysator, dann ist die Elliptizität $\vartheta = 0$, d.h. $\psi = 0$. Mit einem *Halbschattenanalysator* wird die Orientierung des $\lambda/4$-Plättchens genügend exakt durchführbar.

6.3.5. Die Umwandlung von elliptisch polarisierter Strahlung durch ein $\lambda/4$-Plättchen

Die Elliptizität ϑ der einfallenden Schwingung E (Abb. 50 links) sei als klein angenommen, in die große Halbachse falle die Y-Koordinate, in die kleine Halbachse die X-Koordinate. Bei der Dichroismusbestimmung ist die Ellipse E in der dichroitischen Meßsubstanz entstanden. E fällt dann in das $\lambda/4$-Plättchen. Die Gleichungen lauten (mit der Y-Amplitude 1 nach [127])

$$E\colon \begin{aligned} X &= \tan\vartheta \cdot \sin\omega t \approx \vartheta \sin\omega t, \\ Y &= \cos\omega t. \end{aligned} \tag{138}$$

Ein zweites Koordinatensystem ξ, η sei in die Hauptschwingungsrichtungen des $\lambda/4$-Quarzes gelegt, und zwar die η-Koordinate in die Richtung der y-Achse. Diese bilde mit der Y-Achse den Winkel ψ, der als klein angenommen werden soll. Mit diesen Annahmen kleiner Elliptizität ϑ und kleinen Winkels ψ wird den Gegebenheiten bei Messung der Elliptizität ϑ von E auch praktisch entsprochen. Der kleine Winkel ψ sei positiv (negativ), wenn $+Y$ rechts (links) von $+\eta$ liegt.
Das Transformationsschema zwischen X, Y und ξ, η ist dann

	X	Y
ξ	1	ψ
η	$-\psi$	1

Die elliptische Schwingung E stellt sich im ξ, η-System dar durch

$$E\colon \begin{aligned} \xi &= \vartheta \cdot \sin\omega t + \psi \cdot \cos\omega t, \\ \eta &= -\psi \cdot \vartheta \cdot \sin\omega t + \cos\omega t \approx \cos\omega t. \end{aligned} \tag{139}$$

Aus dem $\lambda/4$-Plättchen tritt die Schwingung E' aus:

$$E'\colon \begin{aligned} \xi &= \vartheta \cdot \sin\omega t + \psi \cdot \cos\omega t, \\ \eta &= \cos\left(\omega t - \frac{\pi}{2}\right) = \sin\omega t. \end{aligned} \tag{140}$$

E' ist auch eine elliptische Schwingung (Abb. 50 rechts), deren Hauptachsen a' und b' aber andere Richtungen als die der Hauptachsen a und b der elliptischen Schwingung E haben. Ein Koordinatensystem ξ', η' falle mit a' und b' zusammen, es ist um den Winkel ψ' gegen ξ, η gedreht. Das Transformationsschema lautet

	ξ	η
ξ'	$\cos\psi'$	$-\sin\psi'$
η'	$\sin\psi'$	$\cos\psi'$

Dann sind die Gleichungen für E':

$$E'\colon \begin{aligned} \xi' &= (\vartheta \cdot \sin\omega t + \psi \cdot \cos\omega t) \cdot \cos\psi' - \sin\omega t \cdot \sin\psi', \\ \eta' &= (\vartheta \cdot \sin\omega t + \psi \cdot \cos\omega t) \cdot \sin\psi' + \sin\omega t \cdot \cos\psi'. \end{aligned} \tag{141}$$

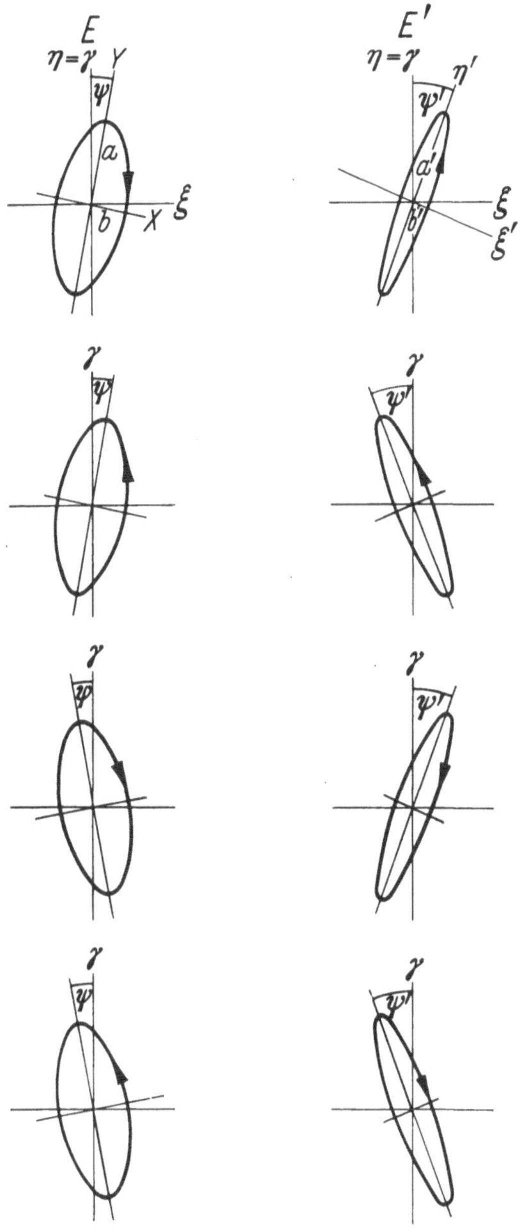

Abb. 50: Die vier typischen Relationen für die Umwandlung elliptischer Schwingungen E durch ein $\lambda/4$-Plättchen in elliptische Schwingungen E'

Wenn ξ' mit der b'-Achse von E' und η' mit der a'-Achse von E' zusammenfallen sollen, so muß gelten:

$$E': \begin{array}{l} \xi' = b' \cdot \sin(\omega t + \delta), \\ \eta' = a' \cdot \cos(\omega t + \delta). \end{array} \tag{142}$$

Beim Koeffizientenvergleich ergibt sich:

$$b' \cdot \cos\delta = \vartheta \cdot \cos\psi' - \sin\psi'; \qquad b' \cdot \sin\delta = \psi \cdot \cos\psi',$$

$$a' \cdot \cos\delta = \psi \cdot \sin\psi'; \qquad -a' \cdot \sin\delta = \vartheta \cdot \sin\psi' + \cos\psi',$$

$$\frac{b'}{a'} = \frac{\vartheta \cdot \cos\psi' - \sin\psi'}{\psi \cdot \sin\psi'} = -\frac{\psi \cdot \cos\psi'}{\vartheta \cdot \sin\psi' + \cos\psi'},$$

d.h. unter Vernachlässigung von kleinen Gliedern zweiter Ordnung:

$$-\vartheta \cdot \sin^2\psi' + \vartheta \cdot \cos^2\psi' - \sin\psi' \cdot \cos\psi' = 0,$$

und trigonometrisch umgeformt

$$2\vartheta \cdot \cos 2\psi' - \sin 2\psi' = 0,$$

somit

$$2\vartheta = \tan 2\psi', \tag{143}$$

und da ϑ als klein angenommen war, so ist auch ψ' klein, daher

$$\vartheta = \psi'. \tag{144}$$

Die *Elliptizität* ϑ der speziell mit $\psi \approx 0°$ in das $\lambda/4$-Plättchen *einfallenden* elliptischen Schwingung E, nämlich der z. B. durch den *Zirkulardichroismus* der Meßsubstanz entstandenen Schwingungsellipse, ist also gleich dem kleinen Winkel ψ', um den das $\lambda/4$-Plättchen die große Halbachse der Schwingung E gedreht hat, so daß man aus der Drehungsmessung sofort die Elliptizität von E erhält, und bei Beachtung des Vorzeichens auch Aufschluß über *Rechts-* und *Links-Elliptizität*, denn Rechtsellipsen E weisen Abweichung im Uhrzeigersinn, Linksellipsen E gegen den Uhrzeigersinn auf. Dabei kehrt sich der Umlaufsinn der Ellipse um, wenn die große Halbachse der Ellipse sich bei ihrer azimutalen Verlagerung von der γ-Achse nur fortbewegt hat. Der Koeffizientenvergleich liefert auch eine Beziehung für die Elliptizität

$$\vartheta' = b'/a' = -\psi \tag{145}$$

der Schwingung E'.

Die Schwingung E' artet zu einer linearen Schwingung ($\vartheta' = 0$) aus, wenn $\psi = 0$ ist.

Abbildung 50 zeigt typische Fälle für die durch das $\lambda/4$-Plättchen bewirkten Änderungen $E \to E'$. Auf diesen Änderungen beruht das polarimetrische Verfahren der Ellipsometrie.

6.4. Polarimetrie zirkular-dichroitischer Substanzen

Die nachstehenden Ausführungen beziehen sich nur scheinbar auf visuelle Verfahren. Auch bei photoelektrischen Verfahren kann mit $\lambda/4$-Plättchen oder mit analogen Hilfseinrichtungen (s. S. 110—112) gearbeitet werden. Solche werden zu Spektralpolarimetern handelsüblich geliefert. In diesem Zusammenhang ist auf die Anwendung der Ellipsometrie, sowohl visuell als auch photoelektrisch, nicht nur bei Zirkulardichroismus, sondern auch bei Phasensprungbestimmungen in Reflexion wiederum hinzuweisen.

6.4.1. Drehwertmessung an zirkular-dichroitischen Substanzen mit dem Lippichschen Halbschattenpolarimeter

Die nachstehenden Betrachtungen gelten für die Anordnung mit *Halbschatten-Analysator* (Abb. 52).
Der Lichtstrom Φ_2 hinter dem Lippichschen Halbprisma ist etwas geringer als der Lichtstrom Φ_1 durch diejenige Meßfeldhälfte, die vom Halbprisma nicht beansprucht ist. Das Verhältnis der beiden Lichtströme ist

$$\tau = \Phi_2/\Phi_1 = 0{,}9 \cdot \cos^2 \varphi, \tag{146}$$

wo φ der Halbschattenwinkel ist. Dies ist bei linear polarisiertem Licht ohne Belang, da sich der Einfluß des Halbprismas eliminiert, aber bei

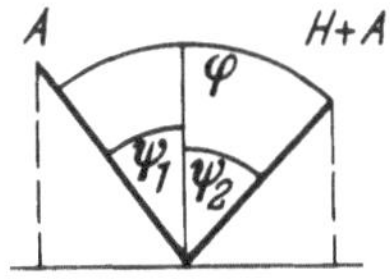

Abb. 51: Abgleich im Meßfeld eines Lippichschen Halbschatten-Analysators unter Berücksichtigung der Lichtschwächung im Halbprisma *H*

elliptisch polarisiertem Licht muß er einkalkuliert werden. Daher liegt der Abgleich der Meßfeldhälften nicht beim Winkel $\psi_1 = -\varphi/2$, sondern nach Abb. 51 bei

$$\psi_1 = -\frac{\varphi}{2} + \delta\psi .$$

Die zu vergleichenden Lichtströme durch die beiden Meßfeldhälften sind nach S. 98:

$$\Phi_1 \sim \sin^2 \psi_1 + \vartheta^2 \cdot \cos^2 \psi_1 ,$$

$$\Phi_2 \sim \tau[\sin^2 (\varphi + \psi_1) + \vartheta^2 \cdot \cos^2 (\varphi + \psi_1)] .$$

Der Abgleich $\Phi_1 = \Phi_2$ führt zu

$$\delta\psi = \frac{(1-\tau)}{2(1+\tau)} \cdot \frac{[(1+\vartheta^2)-(1-\vartheta^2)\cdot\cos\varphi]}{(1-\vartheta^2)\cdot\sin\varphi}.$$

Bei $\vartheta = 0$ wäre $\delta\psi$:

$$\delta\psi_0 = \frac{(1-\tau)}{2(1+\tau)} \cdot \frac{1-\cos\varphi}{\sin\varphi}.$$

Somit führt die geringe Elliptizität ϑ bei kleinem φ zu einer systematischen Einstellungsabweichung

$$\Delta\psi = \delta\psi - \delta\psi_0 = \frac{1-\tau}{1+\tau} \cdot \frac{\vartheta^2}{\sin\varphi}.$$

Mit (146) ergibt sich im Radiantmaß:

$$\Delta\psi = \frac{1+9\sin^2\varphi}{19-9\sin^2\varphi} \cdot \frac{\vartheta^2}{\sin\varphi}. \tag{147}$$

Damit dieser systematische Fehler nicht größer als der zufällige Fehler $\frac{1}{200}\varphi$ rad nach Gleichung (39) wird, muß

$$\sin\varphi \geqq 3{,}24 \cdot \vartheta \tag{148}$$

sein.

Beispiel:

$\vartheta =$	$\pm 0{,}01$	$\pm 0{,}02$	$\pm 0{,}03$ rad
$\varphi \geqq$	$1{,}9°$	$3{,}7°$	$5{,}6°$

Die zufälligen Fehler bleiben dann kleiner als $\varphi/200$. Man darf also anscheinend nicht mit kleinsten Halbschattenwinkeln φ polarimetrieren, muß dann allerdings eine entsprechend den größeren Halbschattenwinkeln höhere Standardabweichung für die Einstellung bei Abgleich, somit auch für den gemessenen Betrag der optischen Drehung in Kauf nehmen. Das ist durchaus begreiflich, denn die kleine Halbachse der Ellipse führt zu parasitärem Licht, das sich wie das Streulicht in Tabelle 12 auf S. 39 auswirkt.

Wie schon auf S. 5 ausgeführt wurde, sind bei CD der Drehwinkel α und die Elliptizität ϑ proportional zur Weglänge in der optisch aktiven Substanz. ϑ ist sehr oft kleiner als 1° pro cm, sein äußerster Höchstbetrag liegt unter 5° pro cm. Messungen von α werden für die große Halbachse der aus der optisch aktiven Meßprobe austretenden Schwingungsellipse durchgeführt, weil dann beim Halbschattenabgleich die kleine Halbachse wegen der meist nur geringfügigen Elliptizität kaum mehr Kontrasteinbuße bewirkt als Streulicht im Polarimeter. Bei geringer Elliptizität ($|\vartheta| \leqq 0{,}02$) kann man dann doch mit relativ kleinen Halbschattenwinkeln φ arbeiten, wie im obigen Beispiel erkennbar ist. Die Messung des Drehwinkels α wird durch den Zirkulardichroismus somit kaum erschwert.

6.4.2. Messung der Elliptizität mit dem Lippichschen Halbschatten-polarimeter

Die Messung der Schwingungsformen des Lichtes ist eine Aufgabe im Physikalischen Praktikum und nicht eigentümlich für die Polarimetrie. Schon in Müller-Pouillets Lehrbuch der Physik (1909) wird die Analyse elliptischen Lichts mittels des Babinetschen Kompensators beschrieben. Spezifisch polarimetrisch ist die Methode mit Verwendung eines $\lambda/4$-Plättchens, deren Theorie in den vorangegangenen Abschnitten dargelegt wurde. Diese Methode stammt von Chauvin [40] und wurde von Bruhat, einem der hervorragendsten Kenner der Polarimetrie, als besonders zweckdienlich in Spektralbereichen mit CD herausgestellt. Sie findet daher auch in der Spektralpolarimetrie praktische Anwendung.

Zunächst sei angenommen, daß der Drehwinkel α der zirkular-dichroitischen Substanz kleiner als die zufälligen Fehler der Drehungsmessung im Polarimeter sei. Verwendet werden muß ein Polarimeter mit Lippichschem *Halbschattenanalysator*, dessen Drehung an einem Teilkreis ablesbar ist. Zwischen der Meßprobe R (Abb. 52) und dem Halbprisma H

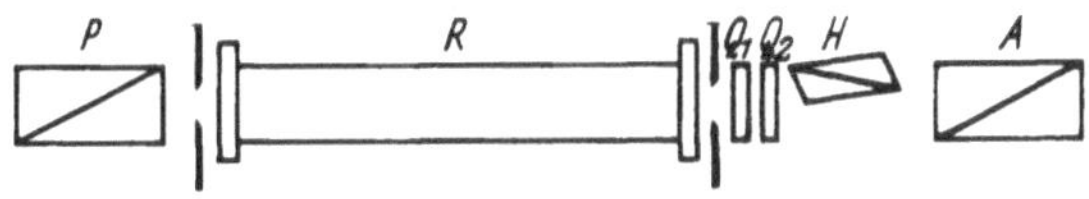

Abb. 52: Anordnung der polarisierenden Aufbauteile bei der Messung der Elliptizität mit dem Lippich-Polarimeter

ist ein $\lambda/4$-Plättchen Q_1 drehbar angeordnet*), jedoch braucht seine Drehung nicht gemessen zu werden. Allerdings sollte die „langsame" Hauptschwingungsrichtung γ des Plättchens Q_1 markiert sein. Der Meßvorgang ist nun der folgende.

Mit dem Halbschattenanalysator wird zunächst ohne drehende Meßprobe R und ohne Plättchen Q_1 die Ausgangsstellung („Nullpunkt") durch Abgleich herbeigeführt und abgelesen. Sodann wird erst nur das Plättchen Q_1 in Wirkstellung gebracht, und zwar gleich so, daß die γ-Markierung annähernd parallel zur Schwingungsrichtung P des Polarisators steht. Q_1 transformiert das vom Polarisator herkommende linear polarisierte Licht P in elliptisches Licht, wobei nach Abb. 49 die große Halbachse der Schwingungsellipse mit der γ-Richtung genau zusammenfällt. Das Halbschatten-Meßfeld erscheint nicht mehr abgeglichen, weil γ zunächst noch nicht parallel zu P ist. Durch geringfügiges Drehen von Q_1 läßt sich aber der Abgleich wieder herstellen, ohne daß der Halbschattenanalysator aus seiner „Nullpunkts"lage herausgedreht wird

*) In Abb. 52 ist das zweite $\lambda/4$-Plättchen Q_2 zunächst als nicht vorhanden zu denken.

(vgl. S. 100—101). Nun steht die γ-Richtung des Plättchens Q_1 parallel zur Richtung P. Jetzt wird die Meßsubstanz eingelegt, die, wie zunächst angenommen, nur eine unmeßbar kleine Drehung α liefert, aber im benutzten (weitgehendst monochromatischen) Licht zirkular-dichroitisch ist, d.h. diejenige Elliptizität E der Lichtschwingungen erzeugt, die gemessen werden soll. α entspricht dem Winkel $\psi \approx 0°$ in Abb. 50. Das Plättchen Q_1 wandelt die Schwingungsellipse E der Meßprobe in eine andere Ellipse E' um, deren Elliptizität aber wegen der Kleinheit von α unmeßbar gering ist. Die große Halbachse von E' bildet einen Winkel ψ' mit der γ-Richtung von Q_1, für den nach (144) $\vartheta = \psi'$ gilt. Dieser Winkel ψ' stört den Abgleich im Halbschattenfeld. Nun dreht man den Halbschattenanalysator auf erneuten Abgleich und liest am Teilkreis ab. Die Differenz zwischen dieser Ablesung und derjenigen für den „Nullpunkt" ergibt den Betrag von ψ' und daher sofort die gesuchte Elliptizität ϑ der Meßsubstanz. Es ist einzusehen, daß die Meßgenauigkeit von ϑ mit derjenigen von ψ' übereinstimmt.

Wenn hingegen die Meßprobe eine merkliche Drehung α erzeugt, muß das soeben geschilderte Verfahren erweitert werden. Man muß die Drehung α zunächst irgendwie kompensieren, damit die große Halbachse der Ellipse E möglichst in die γ-Richtung von Q_1 fällt. Nur dann ist das Licht hinter Q_1 so wenig elliptisch, daß der spätere Abgleich mit dem Halbschattenanalysator genau genug wird. Die Kompensation von α gelingt durch Rückdrehen des Polarisators P um den Winkel $-\alpha$, und die Wirkung dieses Rückdrehens muß kontrollierbar sein. Als Kontrollmerkmal dient die Tatsache, daß beim Winkel $\psi = 0$ der großen Halbachse von E (hinter der Meßprobe) gegen die γ-Richtung von Q_1 die elliptische Schwingung E' hinter Q_1 zu einer linearen Schwingung ausartet, die zu γ schief ist. Diese Ausartung wird mit einem $\lambda/4$-Plättchen Q_2 (Abb. 52) erkennbar, das zwischen Q_1 und dem Halbprisma H ein- und ausschwenkbar angeordnet ist. Wenn in Q_2 linear polarisiertes Licht schief einfällt, so tritt aus ihm elliptisch polarisiertes Licht aus, wobei die Hauptachsen der Schwingungsellipse mit den Richtungen α und γ zusammenfallen (vgl. S. 100—101). Q_2 muß zum Halbschattenanalysator azimutal so orientiert sein, daß die γ-Richtung von Q_2 parallel zu der vom Halbschattenanalysator angezeigten Schwingungsrichtung ist. Der Meßvorgang ist dann der folgende.

Mit Q_2, aber ohne Meßprobe, wird das drehbare Plättchen Q_1 auf Abgleich im Meßfeld gedreht. Dann wird die Meßprobe eingelegt und der Polarisator P in Kompensationsstellung, d.h. wieder auf Abgleich des Meßfeldes gedreht. Darauf wird Q_2 entfernt und der Halbschattenanalysator auf Abgleich gedreht. Diese Winkeldrehung ist ψ' und daher nach dem Obigen der Elliptizität ϑ gleich, die gesucht wurde. Zweckmäßig ist es, wenn auch die Polarisatordrehung an einem Teilkreis ablesbar ist, denn so erhält man im gleichen Meßablauf auch den Drehwinkel α der Meßprobe. Dieses Verfahren gründet sich auf Arbeiten von

TOOL [105] und SKINNER [100], [101], und auf dem elliptischen Analysator von CHAUMONT [37], [38], [39]. Der Hilfsquarz Q_2 wurde später von BRUHAT [30] eingeführt. Dieser so vervollkommnete elliptische Halbschattenanalysator (Abb. 53) wird von der französischen Firma Jobin-Yvon hergestellt und als Zusatz zu dem Lippichschen Polarimeter derselben Firma geliefert.

Abb. 53: Elliptischer Analysator (Werkfoto Jobin & Yvon)

Die soeben beschriebene Methode erfordert ein Polarimeter mit Halbschattenanalysator. Mit einem Polarimeter, das Halbschattenpolarisator hat, sind wesentlich schwierigere Abstimmungen erforderlich, und auch dann lassen sich nur sehr kleine Elliptizitäten bestimmen. Näheres darüber teilt BRUHAT [3] mit.

Sehr wichtig bei Elliptizitätsmessungen ist, daß die *Abschlußgläser* der Polarimeterröhre weitgehend spannungsfrei sind, anderenfalls sie eine elliptische Störpolarisation einführen würden. Man muß daher erst eine Elliptizitätsmessung mit einer leeren Polarimeterröhre machen, die mit den Abschlußgläsern verschlossen ist, und gegebenenfalls auf diese Weise verwendbare Abschlußgläser aussuchen. Absolut elliptizitätsfreie Abschlußgläser werden sich wahrscheinlich kaum finden lassen. Aber wenigstens kann man Abschlußgläser wählen, deren Elliptizität unter $0{,}05° \approx 0{,}001$ rad liegt.

Nach S. 96 hat die spektrale CD-Kurve, d.h. die spektrale Kurve der Elliptizität ϑ, Maxima in Bereichen optisch aktiver Absorptionsbanden, und gerade diese Maxima sind interessant und wichtig. Elliptizitätsmessungen werden also unter sehr verminderten Lichtverhältnissen durchgeführt. Man kann daher nicht mit so langen Polarimeterröhren arbeiten, wie sie für hohe Meßgenauigkeit wünschenswert wären. BRUHAT [30] hat untersucht, welche *Röhrenlängen* optimal sind, um bei visuellem Polarimetrieren minimale Meßfehler zu realisieren. Er fand, daß für die Röhrenlänge eine Extinktion 0,9 der Meßprobe im Absorptionsbereich am günstigsten ist. Beim photoelektrischen Polarimetrieren dürfen Röhrenlängen bis zur Extinktion 2 im Absorptionsbereich verwendet werden. Der Monochromator muß unbedingt ein *Doppelmonochromator* mit größter spektraler Reinheit sein, damit beim Messen im Absorptionsmaximum möglichst wenig parasitäre Strahlung von Nachbarwellenlängen her wirksam wird, die das Meßergebnis erheblich verfälschen würde.

6.4.3. Weitere Möglichkeiten zur Umwandlung von linear polarisierten Schwingungen in elliptisch polarisierte Schwingungen

Anstelle eines $\lambda/4$-Plättchens aus Quarz (oder Glimmer) gibt es auch andere Vorrichtungen, die den Gangunterschied $\lambda/4$ zwischen den senkrecht polarisierten Linearkomponenten der Schwingungen hervorbringen. Sie sind bei Elliptizitätsmessungen in analoger Weise verwendbar wie das $\lambda/4$-Plättchen und in breiten Spektralbereichen wirksam.

6.4.3.1. Der Fresnelsche Rhombus

Wie in Abb. 54 dargestellt ist, wird die Strahlung in einem Rhombusprisma zweimal reflektiert. Die Winkel dieses Prismas sind so bemessen,

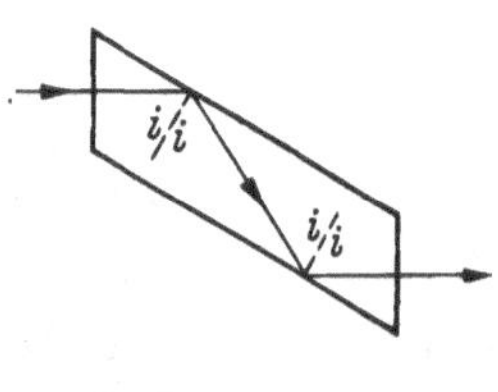

Abb. 54: Der Fresnelsche Rhombus für $n = 1{,}51$

daß an beiden Reflexionsflächen gleiche Winkel i mit Totalreflexion wirksam sind. Bei jeder der beiden Totalreflexionen tritt eine Phasenverschiebung φ zwischen den zueinander senkrechten Schwingungen auf, und zwar ist

$$\tan\frac{\varphi}{2} = \frac{\cos i \cdot \sqrt{\sin^2 i - (1/n)^2}}{\sin^2 i}. \qquad (149)$$

Bei der zweimaligen Totalreflexion ist die Phasenverschiebung doppelt so groß, also 2φ. Damit nun $2\varphi = \frac{\pi}{2}$ ist, was dem Gangunterschied $\Gamma = \lambda/4$ entspricht, muß $\tan\frac{\varphi}{2} = \tan\frac{\pi}{8} = 0{,}41421$ werden, woraus sich bei vorgegebener Brechungszahl n der Winkel i justierbar ergibt. Dazu muß aber $n > 1{,}50$ sein. Zur Verwendung im Ultraviolett muß außerdem der Werkstoff des Rhombus gut UV-durchlässig sein. Beide Eigenschaften zugleich sind für Quarzglas erst unterhalb von $\lambda = 265$ nm gegeben, da bei längeren Wellen die Brechungszahl unter 1,50 liegt. Mit dem Fresnelschen Rhombus aus Quarzglas läßt sich also nicht im ganzen Bereich vom sichtbaren bis ins interessante ultraviolette Spektralgebiet Ellipsometrie betreiben. Das Quarzglas muß völlig spannungsfrei sein.

Der einfache Fresnelsche Rhombus kann aber durch einen doppelten Rhombus (Abb. 55) ersetzt werden, der vier totale Reflexionen hat. Für

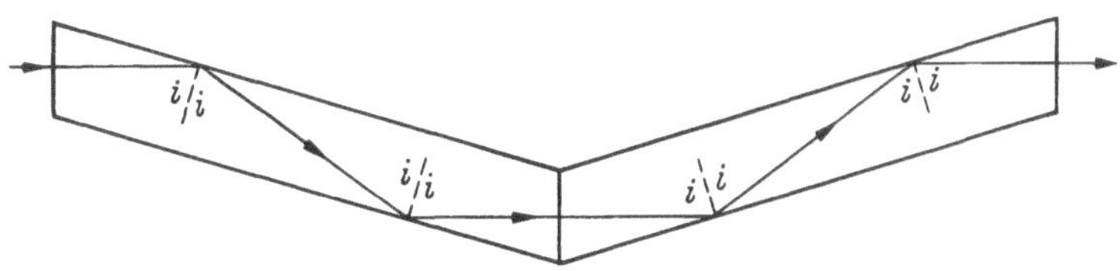

Abb. 55: Der doppelte geradsichtige Fresnelsche Rhombus für $n = 1{,}51$

ihn gilt $n > 1{,}27$, so daß sich hiermit Ellipsometrie im ganzen Spektralbereich vom Sichtbaren bis an die Absorptionsgrenze des Quarzglases im Ultraviolett betreiben läßt. Außerdem ist er geradsichtig. Nach dem Prinzip des Fresnelschen Rhombus arbeiten die $\lambda/4$-Einrichtungen der folgenden Geräte (Tab. 21): *Polarmatic* 62 von Bendix; *Spectropol* I-B von Fica; *Cary* 14 von Cary-Instruments, dieses als CD-Zusatz zum registrierenden Spektralphotometer der genannten Firma.

6.4.3.2. Der Babinet-Soleil-Kompensator

Diese Einrichtung (Abb. 56) besteht aus zwei Quarzkeilen mit parallel orientierten Hauptsymmetrieachsen A und einer Quarzplatte mit zu

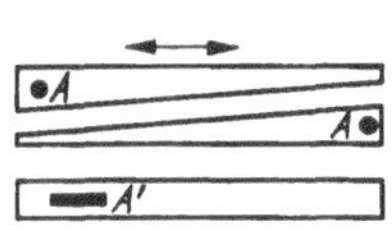

Abb. 56: Der Babinet-Soleil-Kompensator. A und A' sind die Hauptsymmetrieachsen des Quarzes

A gekreuzter Hauptsymmetrieachse A'. Der eine Keil läßt sich in Pfeilrichtung mikrometrisch verschieben. Dadurch kann man den Gangunterschied $\lambda/4$ für beliebige Wellenlängen exakt einstellen. Das Keilpaar muß einen bestimmten Dickenunterschied Δd_λ gegen die Platte haben

(Tabelle 24), der von der Lichtwellenlänge λ und der Doppelbrechung Δn_λ abhängt:

$$\Delta d_\lambda = \frac{\lambda}{4 \cdot \Delta n_\lambda}. \tag{150}$$

An die feinmechanische und optische Ausführung sind demnach sehr hohe Anforderungen zu stellen, wenn man kleine Elliptizitäten genügend

Tabelle 24: Babinet-Soleil-Kompensator. Dickenunterschied Δd_λ des Keilpaares gegen die Platte (Abb. 62) beim Gangunterschied $\lambda/4$. Gleichung (150).

Wellenlänge λ in nm	Δn_λ	Δd_λ in mm
185	0,01419	$3{,}26 \cdot 10^{-3}$
194	1344	3,61
214	1223	4,36
257	1092	5,89
325	1004	8,10
396	0959	10,32
486	0930	13,09
546	0917	14,90
656	0903	18,18
706	0898	19,70
801	0891	22,47
905	0883	$25{,}61 \cdot 10^{-3}$

genau messen will. Die japanische Firma Shimadzu Seisakusho liefert diese Einrichtung als manuelles Gerät zu ihrem manuellen Spektralphotometer QV-50.

6.4.3.3. Die Billingszelle

Diese Einrichtung [22], [26] beruht auf dem Pockels-Effekt, einem linearen elektro-optischen Effekt an tetragonalen Kristallen wie Kaliumdihydrogenphosphat KH_2PO_4 (kurz KDP) und Ammoniumdihydrogenphosphat $NH_4H_2PO_4$ (kurz ADP), sowie kubischen Kristallen wie Kupferchlorid CuCl, Galliumarsenid und Hexamethylentetramin (kurz HMTA). Eine Platte aus beispielsweise ADP (1 in Abb. 57), die senk-

Abb. 57: Aufbau der Billingszelle: 1 achsensenkrechte Platte, z.B. aus ADP; 2 Glyzerinelektroden; 3 Quarzglas-Deckplatten

recht zur Hauptsymmetrieachse geschnitten ist, wird linear doppelbrechend (s. S. 1), wenn in Richtung der genannten Achse ein elektrostatisches Feld angelegt wird. Die Elektroden können durch lichtteildurchlässige metallische Belegungen der Plattenflächen oder durch flüssiges Glyzerin 2 realisiert werden. Der Betrag der induzierten Doppelbrechung ist proportional zur angelegten Spannung U und unabhängig von der Plattendicke. Die ADP-Platte wirkt wie ein $\lambda/4$-Plättchen, wenn $U \approx 1350 + 10{,}6\,(\lambda - 220)$ ist, mit U in Volt und λ in Nanometer. Diese lineare Abhängigkeit kann ohne weiteres im Wellenlängenbereich von 200 bis 600 nm angenommen werden. Die Billingszelle läßt sich daher mit der einer jeden Wellenlänge programmiert angepaßten Gleichspannung genauso polarimetrisch zur CD-Messung anwenden wie ein $\lambda/4$-Plättchen nach der oben beschriebenen Methode von CHAUVIN und BRUHAT (S. 107ff.).

Wesentlich eleganter ist jedoch eine *photometrische* Methode, die nachstehend beschrieben werden soll, obwohl sie nicht auf Drehungsmessung im Polarimeter beruht, sondern im Spektralphotometer angewandt wird.
Beim Umpolen der Gleichspannung U kehrt der Gangunterschied Γ das Vorzeichen um. Legt man daher an die ADP-Platte eine Wechselspannung

$$u = U \cdot \sin \Omega t, \tag{151}$$

so wird eine in die Billingszelle eintretende diagonale, linear polarisierte Strahlung moduliert. Dies wird in der nachstehenden mathematischen Ableitung erläutert.
Die Hauptschwingungsrichtungen des elektro-optisch beeinflußten Kristalls sind durch das Achsenkreuz ξ, η dargestellt (Abb. 58). Die einfallende linear polarisierte Strahlung schwingt diagonal in der Richtung Y, sie wird beschrieben durch

$$\xi = \sqrt{\tfrac{1}{2}} \cdot \sin \omega t, \qquad \eta = \sqrt{\tfrac{1}{2}} \cdot \sin \omega t. \tag{152}$$

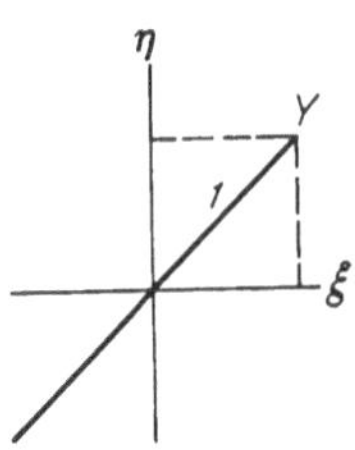

Abb. 58: Zur Theorie der Billingszelle. Siehe Text

Infolge der induzierten Doppelbrechung zeigt die austretende Strahlung eine Phasendifferenz δ zwischen der ξ- und der η-Schwingung, so daß nun gilt

$$\xi = \sqrt{\tfrac{1}{2}} \cdot \sin \omega t, \qquad \eta = \sqrt{\tfrac{1}{2}} \cdot \sin (\omega t - \delta). \tag{153}$$

Dabei ist

$$\delta = \frac{\pi}{2} \cdot \sin \Omega t, \tag{154}$$

wenn man die Amplitude U der an den Kristall gelegten Wechselspannung so wählt, daß bei ihr $\delta = \dfrac{\pi}{2}$ wird.

Die aus der Billingszelle austretende Strahlung ist infolge der aufgetretenen Phasendifferenz δ elliptisch polarisiert. Die Halbachsen a' und b' der Ellipse liegen wie Y diagonal zum ξ, η-Kreuz (Abb. 58), und zwar sind

$$a' = \sqrt{\tfrac{1}{2}} \cdot \sqrt{1 + \cos\delta}, \qquad b' = \sqrt{\tfrac{1}{2}} \cdot \sqrt{1 - \cos\delta}. \tag{155}$$

Eine Schwingungsellipse kann in zwei gegensinnig zirkulare Schwingungskomponenten mit unterschiedlichen Zirkularamplituden r_1 und r_2 zerlegt werden (vgl. Abb. 6 auf S. 5):

$$r_1 = \frac{a' + b'}{2}, \qquad r_2 = \frac{a' - b'}{2}.$$

Jede dieser beiden Zirkularschwingungen hat einen eigenen Strahlungsstrom

$$\Phi_1 \sim r_1^2, \qquad \Phi_2 \sim r_2^2.$$

Die Strahlungsströme summieren sich auf der Photozelle zu dem Gesamtstrahlungsstrom

$$\Phi = \Phi_1 + \Phi_2.$$

Es wird also

$$\Phi \sim \frac{a'^2 + b'^2}{2} = \frac{1}{2}, \tag{156}$$

somit unabhängig von δ, d.h. konstant trotz der elektro-optischen Modulation in der Billingszelle. Dies gilt auch, wenn zwischen der letzteren und der Photozelle eine Meßprobe steht, die nicht zirkular-dichroitisch ist.

Wenn die Meßsubstanz jedoch bei gewissen Wellenlängen *zirkular-dichroitisch* ist, so wird beispielsweise Φ_2 um den kleinen Betrag $\varkappa\Phi_2$ geschwächt. Auf die Photozelle trifft dann der Strahlungsstrom

$$\Phi = \Phi_1 + \Phi_2 - \varkappa\Phi_2 \sim \frac{1}{2} - \frac{\varkappa}{4}(a' - b')^2.$$

Es ist $(a' - b')^2 = 1 - \sin\delta$, daher

$$\Phi \sim \left(\frac{1}{2} - \frac{\varkappa}{4}\right) + \frac{\varkappa}{4} \cdot \sin\delta. \tag{157}$$

Nun erweist sich Φ als von δ abhängig, und δ ist nach (154) moduliert.

Somit wird die Photozelle von einem konstanten Strahlungsstrom beaufschlagt, der noch von einem alternierenden Strahlungsstrom überlagert ist:

$$\Phi \sim \left(\frac{1}{2} - \frac{\varkappa}{4}\right) + \frac{\varkappa}{4} \cdot \sin\left(\frac{\pi}{2}\sin\Omega t\right). \tag{158}$$

Der alternierende Strahlungsstrom hat die Frequenz Ω der Modulation in der Billingszelle.

Beim Registrieren der Stärke des von der Photozelle gelieferten Photowechselstroms zeichnet sich $\varkappa/4$ als photometrisches Maß für den CD der Meßprobe auf.

$\varkappa/4$ ist nun zugleich die Elliptizität ϑ (im Radiantmaß), wie aus der nachstehenden Überlegung hervorgeht. Die zirkular-dichroitische Meßprobe hat die Zirkularamplituden r_1 und $r_2 = r_1 \cdot \sqrt{1 - \varkappa}$, die Zirkularschwingungen mit diesen Amplituden setzen sich zu einer Ellipse mit den Halbachsen $A = r_1 + r_2$ und $B = r_1 - r_2$ zusammen (Abb. 59). Die Elliptizität ist laut Definition $\vartheta = B/A$, also ergibt sich

$$\vartheta = \frac{1 - \sqrt{1 - \varkappa}}{1 + \sqrt{1 - \varkappa}}, \tag{159}$$

und da $\varkappa$ stets klein gegen 1 ist, wird

$$\vartheta \approx \frac{\varkappa}{4}. \tag{160}$$

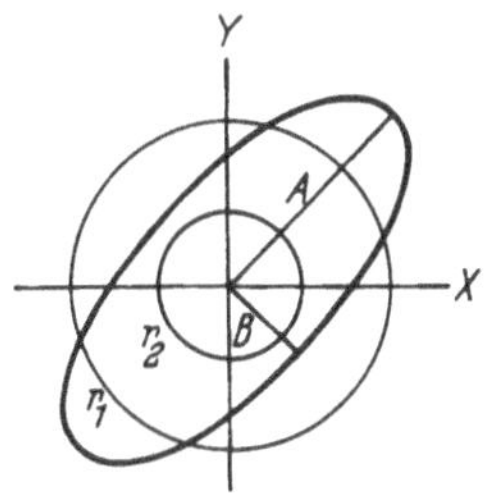

Abb. 59: Zur Theorie der Billingszelle. Siehe Text

Die Modulation mit der Billingszelle ist ein elegantes Verfahren für photoelektrische Elliptizitätsmessungen über große Spektralbereiche, insbesondere im Ultraviolett. Auch bei relativ starker Extinktion der Meßprobe bleiben die Fehler kleiner als 0,5 %. Von der Billingszelle machen die folgenden Geräte Gebrauch: die *Dichrographen* von Roussel-Jouan und ein CD-Zusatz der Japan Spectroscopic Co. zu ihrem registrierenden Spektralphotometer. Auch der CD-Zusatz zum *Cary* 60-*Spectropolarimeter* bedient sich der Billingszelle und registriert photometrisch die Elliptizität im Wellenlängenbereich von 185 bis 600 nm. Der Meßbereich der Elliptizität erstreckt sich bis $\vartheta = 2°$, die Meßgenauigkeit beträgt 0,001°. Die an die Billingszelle gelegte Wechselspannung wird in Abhängigkeit von der am Monochromator sich einstellenden Wellenlänge programmiert gesteuert, damit die Modulation im Gangunterschiedsbereich $\pm\lambda/4$, d.h. Phasenunterschiedsbereich $\pm\pi/2$ erfolgt. Die Billingszelle ist allerdings feuchtigkeits- und temperaturempfindlich, 50 % Feuchte und 35° C sollten möglichst nicht überschritten werden.

Der Zirkulardichroismus braucht nicht über die Elliptizität gemessen zu werden, er kann auch „echt" als Unterschied $\Delta\varepsilon_{zirk}$ der molaren Extinktionskoeffizienten ε_{zirk} der beiden zirkularen Komponenten gemessen werden, so z. B. bei dem *Roussel-*

Jouan-Dichrograph Modell CD 185, der eine Billingszelle verwendet. Hierbei wird die Photowechselspannung verstärkt und in Phase mit der Modulationswechselspannung demoduliert. Die der Extinktion in der Lösung proportionale Gleichspannung wird unverstärkt an den Schreiberschleifdraht gelegt. Die Beziehung beider Spannungen zueinander ist eine lineare Funktion des Extinktionsunterschiedes in der Lösung zwischen der links- und rechts-zirkular polarisierten Modulationskomponente. Der Elektronenfluß am Ausgang des Sekundärelektronenvervielfachers wird durch automatische Monochromatorspalt- und/oder SEV-Dynodenhochspannungsregelung konstant gehalten. Der genannte Dichrograph zeigt bei 185 nm den Zirkulardichroismus mit $(\Delta\varepsilon/\varepsilon)_{zirk} = 2 \cdot 10^{-5}$ an.

6.4.4. Beispiele für Spektralkurven der optischen Drehung und des Zirkulardichroismus

In Abb. 60 ist eine ORD-Kurve beispielhaft dargestellt, in Abb. 61 eine CD-Kurve. Die beiden Abbildungen sind gegenüber den Original-Aufzeichnungen im Verhältnis 1 : 2 verkleinert. Im übrigen wird auf die Abbildungsunterschriften verwiesen. Die Prospekte der Herstellerfirmen von Spektralpolarimetern enthalten zudem typische Kurvenbeispiele verschiedenster Art, ferner sei auf die zahlreichen Kurvenbilder in den Büchern [6], [21] und [22] hingewiesen.

6.4.5. Schlußbemerkung zur Ellipsometrie mit $\lambda/4$-Plättchen

Die Ableitung der Eigenschaften ellipsometrisch mit $\lambda/4$-Plättchen untersuchter Proben aus den gefundenen Daten der Schwingungsellipse bringt Erschwerungen dadurch, daß

a) in den $\lambda/4$-Platten *Mehrfachreflexionen* auftreten,

b) nicht nur *senkrecht* durchtretende Strahlen vorkommen,

c) *dichroitische Absorptionen* vorhanden sein können.

Hierüber sind zahlreiche Untersuchungen angestellt worden, von denen besonders Arbeiten von Holmes [60] und Oldham [84] zu nennen sind. Fortschrittlich erscheinen Arbeiten von Holmes und Feucht [61], [62], weil hier einerseits Methoden für die Verwendung von $\lambda/4$-Platten gebracht werden, von denen nichts anderes bekannt zu sein braucht als die Richtungen der langsamen und der schnellen Achse, ohne daß Modifikationen wegen mangelnder $\lambda/4$-Wirkung durch innere Mehrfachreflexionen oder dichroitische Absorption erforderlich sind und ein Kalibrierungsverfahren beschrieben wird, das während der ellipsometrischen Bestimmung angewandt werden kann. Andererseits behandeln die genannten beiden Autoren auch die ellipsometrische Technik bei der Untersuchung schwach absorbierender Substanzen. Im Rahmen dieses Buches kann darauf aber nicht näher eingegangen werden.

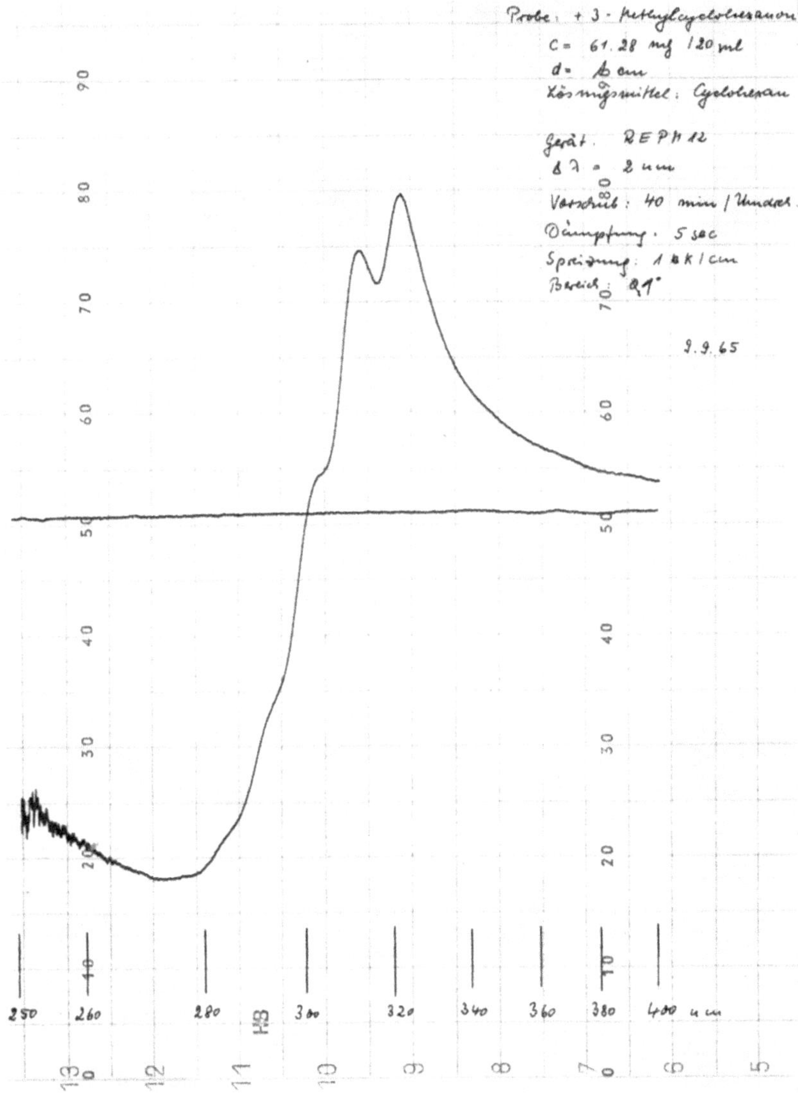

Abb. 60: Registrierte ORD-Kurve von + 3-Methylcyclohexanon in Cyclohexan, Konzentration 61,28 mg in 20 ml, Küvettenlänge 1 cm, $\Delta\lambda = 2$ nm, Vorschub 40 min je Umdrehung, Dämpfung 5 s, Bereich 1°. Aufgenommen mit Zeiss-Spektralpolarimeter REPM 12. Auf die Hälfte verkleinert reproduziert

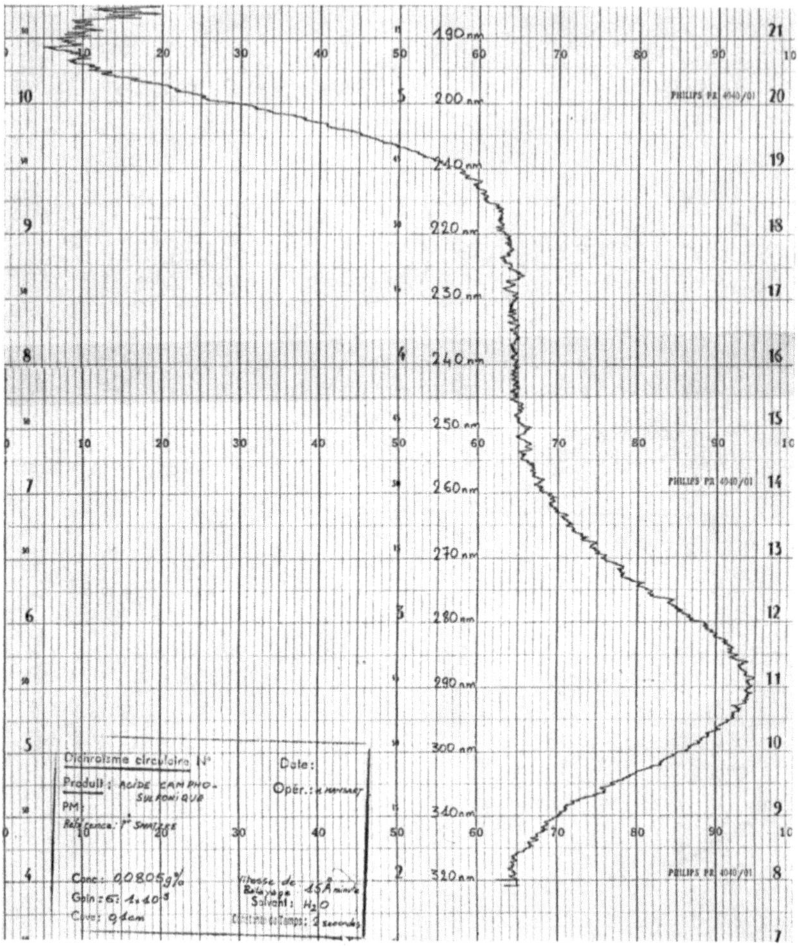

Abb. 61: Registrierte CD-Kurve von Camphosulphonsäure in Wasser, Konzentration 0,0805 g%, Küvettenlänge 0,1 cm, Zeitkonstante 2 s, Registriergeschwindigkeit 1,5 nm/60 s. Aufgenommen mit Roussel-Jouan-Dichrograph. Auf die Hälfte verkleinert reproduziert

7. Saccharimeter

Die Saccharosebestimmung ist eine der wichtigsten Anwendungen der Polarimetrie. Sie wird in Zuckerfabriken und Zuckerlaboratorien ausgeübt. Es gibt dafür zahlreiche Vorschriften, die von der ICUMSA*) ausgearbeitet wurden und in wiederholten internationalen Tagungen ergänzt werden. In dieser Monographie kann das polarimetrische Verfahren der Zuckeranalyse nur gestreift werden. Zuckertechniker besitzen ohnehin eine Vorschriftensammlung der ICUMSA. Für die Bundesrepublik Deutschland ist die Physikalisch-Technische Bundesanstalt (PTB) in Braunschweig zuständig.

7.1. Die internationale Zuckerskala

Die nachstehenden Ausführungen sind Verlautbarungen der PTB und wegen ihrer Maßgeblichkeit weitgehend wortgetreu einer Publikation von R. Bünnagel [34] entnommen. Die internationale Zuckerskala legt eine einheitliche Methode für die Ermittlung des Prozentgehaltes von Zucker in zuckerhaltigen Substanzen fest und benutzt dazu die optische Aktivität wäßriger Lösungen. Die Methode wurde von der ICUMSA ausgearbeitet und empfohlen und wird im internationalen Verkehr angewendet. 1936 auf der 9. Tagung in London empfahl die ICUMSA erstmalig eine Skala, die eine einheitliche Kalibrierung der damals ausschließlich in der Zuckerindustrie verwendeten Quarzkeilsaccharimeter ermöglichte (s. S. 138).

Mehrere der in den letzten Jahren entwickelten photoelektrischen Saccharimeter (s. S. 140ff.) lassen sich nicht nach dieser Skala kalibrieren, da sie keine Quarzkeilsaccharimeter, sondern Kreispolarimeter sind. Die neuen Geräte stellen einen großen Fortschritt dar. Sie sind nicht nur unabhängig vom Auge des Beobachters, sondern auch wesentlich schneller als die visuellen Geräte. Sie werden daher seit etwa 1960 in großer Zahl in der Zuckerindustrie benutzt.

Um die neuen Saccharimeter einheitlich kalibrieren zu können, wurde auf der Tagung der ICUMSA in Hamburg 1962 beschlossen, die Zuckerskala neu festzusetzen. Auf der folgenden Tagung in Kopenhagen 1966 konnten aufgrund von umfangreichen Messungen an Zuckerlösungen und Quarz in der PTB Vorschläge für eine neue Zuckerskala vorgelegt werden.

---

*) International Commission for Uniform Methods of Sugar Analysis (Internationale Zuckerkommission).

Im folgenden soll zuerst die physikalische Grundlage der Zuckerskala dargestellt und dann auf die Basismessungen und die Definition der Skala von 1936 eingegangen werden. Dabei werden die Gründe ersichtlich, die eine neue Definition erforderlich machten.

7.1.1. Grundlage der Zuckerskala

Die polarimetrische Zuckerbestimmung gründet sich auf das Biotsche Gesetz in der Aussage der Gleichung (46).
$p = 100 \cdot x$ gibt den Prozentgehalt des aktiven Stoffes an. Wie (46) zeigt, müssen, um x bzw. p aus α bestimmen zu können, c sowie l vereinbart und $[\alpha]$ bei vorgegebener Wellenlänge und Temperatur bekannt und unabhängig von der Konzentration sein. Die Kenntnis von $[\alpha]$ sowie der Wellenlänge ist nicht erforderlich, wenn man zur Kalibrierung des Saccharimeters eine Zuckerlösung von bestimmter Konzentration c verwendet und den entsprechenden Punkt auf der Skala mit 100° S (Sugar) bezeichnet. Den Punkt 0° S erhält man ohne Zuckerlösung im Strahlengang des Saccharimeters. Eine proportionale Teilung zwischen 0 und 100° S vervollständigt die Skala. Die Wellenlänge muß naturgemäß bei allen Messungen dieselbe sein. Für den Hundertpunkt (100° S) der Zuckerskala wurde vereinbart: c gleich 26 g Zucker in 100 cm^3 wäßriger Lösung; dazu $l = 2$ dm, $t = 20°$ C und Beleuchtung mit gefiltertem Glühlicht. Die Werte sind aus der historischen Entwicklung der Zuckermessung hervorgegangen. Um aufgrund vorliegender Festsetzung den Zuckergehalt einer Substanz zu bestimmen, wiegt man davon 26 g ab, stellt eine wäßrige Lösung von 100 cm^3 her, füllt sie in eine 2 dm lange Polarimeterröhre und bringt die Röhre ins Saccharimeter. Die Ablesung bei 20° C gibt direkt den Zuckergehalt der Substanz in Prozenten an.

7.1.2. Die Basismessungen von Bates und Jackson

Die Hauptschwierigkeit im Anfang der Saccharimetrie (etwa um 1900) war die Beschaffung einer geeigneten Lichtquelle. Letztere muß einerseits genügend hell sein, um eine visuelle Messung mit ausreichender Genauigkeit durchführen zu können, andererseits muß sie monochromatisch sein. Wegen der geringen Leuchtdichte schieden alle damaligen monochromatischen Lichtquellen aus. Man verwendete an ihrer Stelle gefiltertes Glühlicht, mit dem sich infolge des breiten Spektralbereiches ein Gesichtsfeld hinlänglicher Leuchtdichte erreichen läßt. Als Lichtquelle benutzten Bates und Jackson [24] eine Gasglühlichtlampe, den sogenannten Auerbrenner, gefiltert mit einer Kaliumbichromatlösung vorgeschriebener Konzentration und Schichtdicke. Der wirksame Spektralbereich war auf der kurzwelligen Seite durch die Absorptionskante des Filters und auf der langwelligen Seite durch die eine Flanke der Hellempfindlichkeit des Auges begrenzt. Der optische Schwerpunkt lag, wie auf dem Wege über eine polarimetrische Messung nachträglich festgestellt wurde, bei rund $\lambda = 585$ nm. Um trotz des breiten Spektralbereiches die optische Drehung der Zuckerlösung bestimmen zu können, muß man ihre Drehung durch einen optisch aktiven Stoff entgegengesetzter Drehung von annähernd gleicher Rotationsdispersion meßbar kompensieren. Das von SOLEIL entworfene und bei Zuckermessungen schon gebräuchliche Quarzkeilsaccharimeter entsprach dieser Forderung. Es enthält zur Kompensation bekanntlich ein linksdrehendes, in seiner Dicke meßbar veränderliches Quarz-Kompensationssystem (vgl. S. 135). Die Rotationsdispersionskurven der Zuckerlösung mit $c = 26$ g (in 100 cm³ Lösung) und des Quarzes haben fast den gleichen Verlauf und schneiden sich definitionsgemäß im Punkt 100° S der Zuckerskala für $\lambda = 585$ nm. Wegen der nur geringen Abweichung der beiden Rotationsdispersionen von Saccharose und Quarz ist eine Änderung der Schwerpunktswellenlänge nicht kritisch. Darin liegt ein besonderer Vorteil des Quarzkeilsaccharimeters gegenüber anderen Konstruktionen.

Zur Festlegung der Zuckerskala bestimmten BATES und JACKSON den 100° S-Punkt im Prinzip folgendermaßen: Mit einem Quarzkeilsaccharimeter wurden 10 Normalzuckerlösungen reinster Saccharose (26 g in 100 cm³ Lösung) in einem Rohr von 2 dm Länge bei 20° C gemessen und die Einstellungen auf der Skala des Saccharimeters abgelesen und gemittelt. Der zugehörige Skalenstrich wurde mit 100° S bezeichnet. Eine lineare Teilung der Skala zwischen dem leicht zu ermittelnden Nullpunkt und 100° S vervollständigte sie.

Die Kalibrierung eines Saccharimeters nach obigem Verfahren stößt allerdings in der Praxis auf die Schwierigkeit, daß reinste Saccharose erforderlich ist, die nur mit großem Aufwand herzustellen ist. Darüber hinaus bereitet das Ansetzen der Normallösung mit der notwendigen Genauigkeit einige Mühe. Es ist darauf zu achten, daß keine Verdunstung eintritt und daß die Lösung nur kurze Zeit haltbar ist. Es ist daher ein wesentlicher Fortschritt, wenn man nach einem Vorschlag von LANDOLT [16] die Normalzuckerlösung durch eine Quarzplatte ersetzt, die, unter den gleichen Bedingungen im Quarzkeilsaccharimeter gemessen, dieselbe Einstellung ergibt wie die Normalzuckerlösung. Die Quarzplatte bietet gegenüber der Zuckerlösung den Vorteil der Unveränderlichkeit und leichten Verwendbarkeit und ist damit für den Hersteller ein bequemes Mittel zur exakten Kalibrierung und für den Benutzer zur Kontrolle von Saccharimetern.

Nach Vorstehendem wären die Zuckergrade der Quarzkontrollplatten in einem mit einer Normalzuckerlösung eingemessenen Quarzkeilsaccharimeter zu bestimmen. Um künftig bei der Prüfung von Quarzplatten hiervon unabhängig zu sein, sind BATES und JACKSON wie folgt vorgegangen: Sie haben zuerst die Zuckergrade einer Anzahl Quarzplatten im Quarzkeilsaccharimeter und zusätzlich ihre Drehungswinkel mit einem Kreispolarimeter für monochromatisches Licht der Schwerpunktswellenlängen $\lambda = 589{,}25$ (Na-Licht) und 546,1 (Hg-Licht) nm gemessen.

Der Vergleich der Zuckerwerte in ° S mit den Drehungswerten in Winkelgraden ergab: eine Normalquarzplatte gleich 100° S dreht die Polarisationsebene des Lichtes der Wellenlängen $\lambda = 589{,}25$ bzw. $\lambda = 546{,}1$ nm um $\alpha = 34{,}620°$ bzw. 40,685° bei 20° C. Mit dieser Relation war eine erhebliche Vereinfachung gewonnen. Man braucht nur bei definierter Wellenlänge den Drehungswinkel der Quarzplatte zu bestimmen und diesen Wert mit einem Umrechnungsfaktor zu multiplizieren, um den Zuckerwert in Grad S zu erhalten. In diesem Zusammenhang sei darauf aufmerksam gemacht, daß die Drehungswinkel einer Quarzplatte von 100° S nicht bei den angegebenen Wellenlängen mit der Drehung einer Normalzuckerlösung (100° S) übereinstimmen. Dies ist nur der Fall bei Licht, dessen optischer Schwerpunkt 585 nm ist, und bei visueller Beobachtung. Wenn in der Praxis trotzdem gelegentlich eine Natriumlampe ($\lambda = 589$ nm) statt einer Lichtquelle mit dem geforderten Schwerpunkt benutzt wird, so ist das bei einer Meßunsicherheit von 0,1° S noch zulässig. Nach Untersuchungen von Schönrock [97] entspricht einem Übergang von $\lambda = 585$ auf 589,25 nm eine Änderung der Einstellung auf der Skala des Quarzkeilsaccharimeters von 100,00 auf 100,03° S. Bei $\lambda = 546{,}1$ nm liegt jedoch die Abweichung außerhalb des Fehlers von 0,1° S.

7.1.3. Die 1936 vereinbarte internationale Zuckerskala

Aufgrund der Messungen von Bates und Jackson wurde die Zuckerskala 1936 festgelegt. Sie beruht auf Messungen mit dem Quarzkeilsaccharimeter an der Normalzuckerlösung, deren Konzentration mit $c = 26$ g in 100 cm³ wäßriger Lösung und deren Schichtdicke mit 2 dm festgelegt sind. Alle Werte gelten bei 20° C. Mehr oder weniger unbestimmt gelassen ist die Wellenlänge. Hier wird eine Beleuchtung mit weißem Licht und vorgeschriebenem Bichromatfilter verlangt, ohne die Angabe eines optischen Schwerpunktes zu machen. Diese Unbestimmtheit wirkt sich nicht aus, solange man, wie stillschweigend vorausgesetzt wird, die Messungen mit einem Quarzkeilsaccharimeter ausführt. Die Definition enthält außerdem die für die Kalibrierung unerläßliche Relation zwischen dem Drehungswinkel einer Quarzplatte bei den Wellenlängen 589,25 nm und 546,1 nm und ihrem Zuckerwert in Grad S, die nur Sinn hat, wenn ein Quarzkeilsaccharimeter mit der vorgeschriebenen Beleuchtung verwendet wird. Danach kommt als einziges der internationalen Vereinbarung von 1936 entsprechendes Meßverfahren die Quarzkeilkompensation in Betracht; alle anderen stehen mit ihr nicht in Einklang.

7.1.4. Kalibrierung von Saccharimetern ohne Quarzkeilkompensation, Grundformel der Zuckerskala 1966

Diese Meßgeräte lassen sich nicht nach den Vorschriften der Zuckerskala von 1936 kalibrieren, da sie weder hinsichtlich der Lichtquelle noch des Meßverfahrens dieser Skala genügen. Sie benutzen zur Messung anstelle der Quarzkeilkompensation die Drehung eines Polarisators nach Art der Kreispolarimeter oder auch eine magnetische Drehung der Polarisationsebene (S. 79) (Faraday-Modulator). Bei der weiten Verbreitung der neuen Saccharimeter war eine Abänderung der internationalen Zuckerskala von 1936 nötig, um die Einheitlichkeit soweit wie möglich wieder herzustellen.

Mit einer Normalzuckerlösung läßt sich prinzipiell jedes Saccharimeter, gleich welcher Konstruktion, für einen beliebigen optischen Schwerpunkt, der nicht unbedingt bekannt zu sein braucht, einmessen und kontrollieren. Hierbei ist es nicht erforderlich, daß sich die Kalibrierung an die Schichtdicke 2 dm hält, wenn nur letztere ein für allemal beibehalten wird. Man sollte dabei allerdings eine gewisse durch die Unsicherheit der Längenmessung und den vorgegebenen Meßfehler des Saccharimeters gegebene Länge nicht unterschreiten. Die Kalibrierung mit Zuckerlösungen trifft indessen auf die schon erwähnten Schwierigkeiten. Um sie zu vermeiden und die Messung zu sichern, wird man sich auch hier die Vorteile der Quarzplatte als Ersatz für eine Zuckerlösung zunutze machen.

Quarzplatten nach den Empfehlungen der ICUMSA von 1936 dürfen nur bei Saccharimetern mit Quarzkeilkompensation und gefiltertem Glühlicht ($\lambda = 585$ nm) verwendet werden. Bei Saccharimetern, die mit anderen Wellenlängen arbeiten, kann die Quarzplatte anstelle einer Zuckerlösung nur dann benutzt werden, wenn sie bei der gleichen Wellenlänge den gleichen Drehungswert wie die Lösung hat. Um den Zuckerwert in °S von Quarzplatten bestimmen zu können, muß man demnach die Drehungswerte der Zuckerlösung für die bei den Saccharimetern verwendeten Wellenlängen kennen. Die dafür notwendigen Messungen wurden mit der 1966 erreichbaren Präzision in der PTB ausgeführt und, um in der Wahl der Wellenlänge frei zu sein, auf den ganzen sichtbaren Spektralbereich ausgedehnt. Ihre Ergebnisse sind die Grundlage der neuen internationalen Zuckerskala 1966. Die Zuckerlösungen sowie die dazu benötigte reinste Saccharose sind vom Institut für Zuckerindustrie an der Technischen Hochschule Braunschweig*) zur Verfügung gestellt worden. Aus 159 gemessenen Drehungswerten, die sich auf 10 Wellenlängen von 405 bis 644 nm verteilen, wurde mittels Elektronenrechners folgende Formel für die relative, von der Kon-

---

*) Anschrift: Institut für Landwirtschaftliche Technologie und Zuckerindustrie an der Technischen Universität, Braunschweig, Langer Kamp 5.

zentration der Zuckerlösungen unabhängige Rotationsdispersion gewonnen:

$$\left(\frac{\alpha_\lambda}{\alpha_{0,546\,227\,1}}\right)^{20^\circ\mathrm{C}} = a + \frac{b}{\lambda^2} + \frac{c}{\lambda^4} + \frac{d}{\lambda^8}, \tag{161}$$

$a = -0{,}001\,798\,2$

$b = 0{,}276\,531\,8$

$c = 0{,}006\,557\,37$

$d = 0{,}000\,010\,382\,5$

λ in µm bezogen auf Vakuum.

$\alpha_\lambda^{20^\circ\mathrm{C}}$ ist der Drehungswert der Zuckerlösung bei der Wellenlänge λ und der Temperatur 20° C, $\alpha_{0,546\,227\,1}^{20^\circ\mathrm{C}}$ ihr Drehungswert bei der grünen Wellenlänge des Isotops ^{198}Hg. Durch Messung wurde der Drehungswert der Normal-Zuckerlösung ($c = 26$ g/100 cm^3) für eine Schichtdicke von 200 mm bei $t = 20^\circ$ C zu

$$\alpha_{0,546\,227\,1}^{20^\circ\mathrm{C}} = 40{,}7643^\circ \pm 0{,}0009^\circ \tag{162}$$

erhalten.

Mit diesen Werten läßt sich α_λ für die Normalzuckerlösung bei jeder vorgegebenen Wellenlänge λ nach obiger Formel berechnen. Hat eine Quarzplatte den Drehungswert $\alpha^{20^\circ\mathrm{C}}$, so kann sie anstatt der Normalzuckerlösung dazu dienen, den Punkt 100° S auf der Skala des Saccharimeters, das mit Licht der Wellenlänge λ beleuchtet wird, festzulegen. Man sagt dann, die Quarzplatte hat den Zuckerwert 100° S. Den Nullpunkt der Skala erhält man bei Abgleich des Saccharimeters ohne Quarzplatte. Teilt man nun die Skala zwischen 0° und 100° S proportional, so ist das Gerät kalibriert. Mit Quarzplatten, deren Zuckerwert zwischen 0 und 100° S liegen, läßt sich die Skala an anderen Stellen kontrollieren. Durch Messungen an Zuckerlösungen verschiedener Konzentration konnte nachgewiesen werden, daß die lineare Teilung zulässig ist.

Es erhebt sich noch die Frage, wie genau die Wellenlänge des Saccharimeters bekannt sein muß, das mit einer Quarzplatte kalibriert werden soll. Da hier nur die Differenz der Rotationsdispersion der Quarzplatte und der Zuckerlösung sich auswirkt und beide Dispersionskurven sich definitionsgemäß bei der vorgegebenen Wellenlänge schneiden, sind die Ansprüche an die Wellenlänge nicht höher als beim Quarzkeilsaccharimeter. Der Zuckerwert (° S) einer Quarzplatte wird sich also bei kleinen Differenzen der Wellenlänge praktisch nicht ändern. Hingegen werden Wellenlängenänderungen der Beleuchtung des Saccharimeters die Skala bei Geräten ohne Quarzkeilkompensation beeinträchtigen und eine Korrektion nötig machen.

Beispielsweise macht eine Änderung der Wellenlänge bei $\lambda = 589$ nm um 0,1 nm eine Korrektur von etwa 0,036° S notwendig; im blauen Spektralbereich ist dieser Betrag sogar rund dreimal höher. Wegen dieser

starken Abhängigkeit von der Wellenlänge sowie bei breiteren Spektralbereichen auch noch von der spektralen Empfindlichkeit des Photoempfängers muß bei Saccharimetern ohne Quarzkeilkompensation damit gerechnet werden, daß beim Austausch von Lampe, Filter oder Empfänger die Skala des Gerätes sich ändert und mit einem Korrekturfaktor zu versehen ist. Das ist insbesondere der Fall bei Hochdrucklampen in Verbindung mit Interferenzfiltern. Eine Kontrolle mit Quarzplatten ist in diesem Falle unerläßlich.
Will man eine Änderung der Skala möglichst vermeiden, muß man für eine konstante Wellenlänge zum Beispiel durch Verwendung von Niederdruckspektrallampen und spektrale Reinigung mittels Doppelmonochromator sorgen.

7.1.5. Vergleich der Zuckerskala 1966 mit der früheren

Der Vergleich zeigt, in welchem Umfang die Skala erweitert worden ist. Die Skala 1966 behält die Normalzuckerlösung mit der Konzentration von 26 g Saccharose in 100 cm^3 wäßriger Lösung sowie die Temperatur 20° C bei. Von der Festlegung eines speziellen Meßgerätetyps mit einer vorgeschriebenen Beleuchtung, wie es das Saccharimeter mit Quarzkeilkompensation und gefiltertem Glühlicht darstellt, mußte aber unter dem Zwang der technischen Entwicklung moderner Saccharimeter abgegangen werden. Bei der Ermittlung des Zuckergehalts kann nach der neuen Skala die optische Drehung nach einem beliebigen Verfahren und bei irgendeiner Wellenlänge im Bereich von 540 bis 650 nm gemessen werden. Ein wichtiger Punkt, der sowohl in der alten wie in der neuen Skala enthalten ist, ist die Forderung nach einer Kalibrierung der Saccharimeter mittels Quarzplatten. Die Zuckerwerte der Quarzplatten sind jedoch in der neuen Skala im Gegensatz zur alten für alle Wellenlängen des sichtbaren Spektrums definiert. Die Zuckerskala 1966 stellt somit die Einheitlichkeit der Zuckermessung im internationalen Verkehr wieder her.

7.1.6. Die derzeitige Festlegung der internationalen Zuckerskala seit 1966

Der Hundertpunkt der internationalen Zuckerskala, d.h. 100,000° S (100 Grad Zucker, nicht Prozent Zucker!), ist festgelegt durch die optische Drehung α einer rein-wäßrigen Lösung von 26,0153 g (bezogen auf Vakuum, was genügend praxisgenau 26,000 g bezogen auf Luft entspricht) reinster Saccharose in 100,000 cm^3 (Normalzuckerlösung) bei der Wellenlänge der grünen Linie des Quecksilberisotops 198, $\lambda = 0{,}5462271$ μm im Vakuum, bei 20,00° C und bei 200,000 mm Röhrenlänge. Dieser Drehungswert beträgt 40,764 $\pm$ 0,001 Kreisgrad. Für andere Wellenlängen gilt die Verhältnisgleichung (161). Für spektral gereinigtes gelbes

Na-Licht insbesondere liegt der Schwerpunkt bei $\lambda = 0{,}5894400\ \mu m$ im Vakuum, der Punkt 100° S bei $\alpha = 34{,}615 \pm 0{,}001$ Kreisgrad. Der Nullpunkt wird ohne Zuckerlösung erhalten. Die Skala ist von —20° S bis +120° S linear unterteilt, obwohl der Zuckergehalt nicht streng, aber praktisch ausreichend proportional zur optischen Drehung ist. Die größte Abweichung beträgt 0,01° S. Eine Tabelle der Abweichungen ist von der ICUMSA [13] herausgegeben worden.
Diese Skala soll mit Quarzkontrollplatten kalibriert sein und geprüft werden können.

7.2. Quarzkontrollplatten

Die Kalibrierung der Saccharimeter-Skala mit Zuckerlösung führt infolge gewisser Eigenschaften der Lösung, wie z.B. Verdunstung, geringer Haltbarkeit, starker Temperaturabhängigkeit der optischen Drehung, leicht zu Fehlern. Aus diesem Grunde empfiehlt die ICUMSA Quarzplatten für die Kalibrierung und Kontrolle der Geräte.

7.2.1. Zuckerwerte

Als *Normal*-Quarzkontrollplatte wird die Platte bezeichnet, die unter den oben genannten Standardbedingungen die gleiche optische Drehung zeigt wie die Normalzuckerlösung. Sie hat den Zuckerwert 100,000° S für $\lambda = 0{,}5462271\ \mu m$. Eine Quarzkontrollplatte für monochromatisches Licht einer anderen Wellenlänge λ besitzt den Zuckerwert 100,000° S, wenn ihre optische Drehung den Wert hat, der sich aus (161) und (162) ergibt.
Der *Spektralbereich* ist dabei auf 0,540 bis 0,650 μm zu begrenzen. Eine Quarzplatte für Quarzkeil-Saccharimeter hat bei Beleuchtung mit *gefiltertem Glühlicht* den Zuckerwert 100,000° S, wenn ihre optischen Drehungswerte

für die Wellenlänge 0,5462271 μm den Betrag 40,691°,

für die Wellenlänge 0,5894400 μm den Betrag 34,618°

haben.

7.2.2. Eigenschaften der Quarze

Die verwendete Quarzplatte soll derart beschaffen sein, daß die Quarzplatte zwischen gekreuzten Polarisatoren mit einem Quarzkeil-Kompensator vollständige Auslöschung in intensivem weißen Licht zu erhalten gestattet, daß die Quarzplatte ferner bei visueller Beobachtung und

Drehung in ihrer Ebene keine Versetzungen, keine Zwillingsbildung oder andere Homogenitätsfehler zeigt und daß beim Drehen in der Plattenebene der Zuckerwert um nicht mehr als 0,005° S variiert.

7.2.3. Gestaltung und Abmessungen

Die Quarzplatte soll die Gestalt eines geraden Kreiszylinders mit einem Durchmesser von 16,0 $\pm$ 1,0 mm haben, senkrecht zur optischen Quarzachse planparallel geschliffen sein und an den Kanten höchstens 0,2 mm breite Facetten haben.
Für Zuckergrade kleiner als 24° S ist die Quarzdoppelplatte anzuwenden, sie besteht aus einer rechts- und linksdrehenden Quarzplatte. Die Dicke jeder einzelnen Platte darf 0,4 mm nicht unterschreiten, die Summe beider Dicken 1,6 mm nicht überschreiten.

7.2.4. Maximale Fehlerquellen

Ebenheit der Plattenflächen:

Jede Fläche soll zwischen zwei gedachte parallele Ebenen eingeschlossen werden können, deren Abstand nicht mehr als 0,5 µm beträgt.

Parallelität der Plattenflächen:

Die Dicke der Platte soll sich über die ganze Ausdehnung der Platte hin um nicht mehr als 0,15 µm ändern.

Achsenfehler:

Der Winkel zwischen der optischen Quarzachse und einer der Flächennormalen soll kleiner als 10 sein.

7.2.5. Fassung der Quarzkontrollplatten

Die Quarzkontrollplatte oder Quarzkontrolldoppelplatte soll sich spannungsfrei*) in einer rohrartigen Fassung mit kreisförmigen Flanschen an den Enden befinden. Der freie Durchmesser der Fassung soll größer oder gleich 10 mm sein. Der Durchmesser der Flansche an den Enden soll dem Röhrenbett des Saccharimeters angepaßt sein, damit die optische Achse des Saccharimeters mit der Achse der Fassung zusammenfällt. Die genannten Durchmesser sollen so toleriert sein, daß ihre mögliche Differenz nicht einen Winkelfehler zwischen den genannten Achsen von mehr als 10 Winkelminuten zur Folge hat. Der Winkel

---

*) Absolute Spannungsfreiheit kann es gar nicht geben. Restspannung kann nach King [68] unschädlich werden, wenn man die Quarzkontrollplatte in mehreren verschiedenen azimutalen Lagen in das Polarimeter einbringt, um einen Mittelwert der Kontrolldrehung zu bekommen und für diesen eine Standardabweichung. Dies ist besonders für photoelektrische Saccharimeter wichtig.

zwischen der Achse der Fassung und der Flächennormalen soll 10′ nicht überschreiten. Das Spiel der Platte in der Fassung soll in Richtung der Plattenebene kleiner oder gleich 0,2 mm und in Achsenrichtung kleiner als 0,1 mm sein.

7.2.6. Bezeichnungen

Auf dem Fassungsrohr oder auf einer der Flächen der Flansche sollen angegeben sein:

> Name und Anschrift des Herstellers oder sein Herstellerzeichen,
>
> der Zuckerwert der Quarzplatte in °S,
>
> die Wellenlänge, für die diese Platte benutzt werden soll.

Die Angaben sollen leserlich und unverletztlich sein. Es soll ein freier Raum verfügbar sein für ein eventuelles Prüfzeichen und eine Prüfnummer.

7.3. Polarimeterröhren für die Saccharimetrie

7.3.1. Allgemeines

Die Empfehlungen der *Organisation Internationale de Métrologie Légale* (siehe die einleitenden Bemerkungen zu Abschnitt 7.4) liegen den nachfolgenden Ausführungen zugrunde.

Die Polarimeterröhren können sein:

Thermostasierbare oder nicht thermostasierbare einfache oder Durchflußröhren. Ihre Werkstoffe sollen gegen chemische Reinigungsmittel widerstandsfähig sein, insofern sie hohe oder niedrige pH-Werte haben (z.B. 50%ige Essigsäure). Die Röhren sollen sich außen und innen mechanisch reinigen lassen. Ihr Füllen soll vollständig frei von Blasen möglich sein, die den Strahlengang beeinträchtigen würden. Der Thermostasiermantel soll sich leicht abnehmen und wieder anbringen lassen, dabei mit einer Sorgfalt, daß die Röhrenlänge nicht beeinflußt wird. Bei den Durchflußröhren sollen sich die Zufluß- und Abflußstutzen möglichst nahe den Röhrenenden befinden. Die Röhrenenden sollen um 0,2 bis 1 mm aus den mechanischen Flanschen herausragen.

7.3.2. Röhrenlängen

Die Nennlängen sollen sein: 10; 20; 50; 100; 200 oder 400 mm bei der Bezugstemperatur 20° C. Bei 20° C soll die gemessene Röhrenlänge von ihrem Nennwert um nicht mehr abweichen, als die Toleranzangaben in der Aufstellung im Abschnitt 7.3.5. (Spalten 2,3) zeigen. Wenn indessen die Abweichung die Toleranzen der Spalte 2 überschreitet, nicht jedoch diejenigen der Spalte 3, so soll die Röhre mit dem gemessenen Längenwert unter Angabe der Toleranz gemäß Spalte 2 graviert werden. Der Quotient aus Nennlänge und Meßlänge kann als Korrektionsfaktor bei polarimetrischen Präzisionsmessungen benutzt werden. Durch Abnehmen und Wiederansetzen des Thermostasiermantels soll die Röhrenlänge (in den Grenzen der Unsicherheit laut Spalte 2) nicht beeinflußt werden. Die Verwendung von Polarimeterröhren unter 50 mm Länge ruft wegen der geringen optischen Drehung riskante systematische Fehler hervor. Um solche zu vermeiden, soll sorgfältig auf gänzlich spannungsfreie Abschlußgläser geachtet werden.

7.3.3. Innendurchmesser der Röhren

Der Innendurchmesser der Röhren soll 10 mm nicht überschreiten. Es sollen alle Vorsichtsmaßnahmen ergriffen werden, um Innenreflexionen in den Röhren (besonders bei langen Röhren mit kleiner lichter Weite) zu verhüten.

7.3.4. Beschicken von Durchflußröhren mit neuer Lösung

Die Durchflußröhren sollen Abmessungen und eine Konstruktion derart haben, daß nach jeder Messung die ganze in der Röhre vorhandene Lösung vollständig ersetzt werden kann, und zwar mit einer möglichst geringen Menge der zu untersuchenden neuen Lösung. Die hierbei notwendige Menge an neuer Lösung soll

50 ml für die Röhrenlängen 10; 20; 50 und 100 mm,
100 ml für die Röhrenlängen 100; 200 und 400 mm

nicht überschreiten. Die Entleerung soll durch nur zwei Chargen der neuen Lösung erhalten werden können.

7.3.5. Stirnflächen der Röhrenenden

a) *Stirnflächengüte:*
Die Stirnflächen der Röhrenenden aus Glas sollen eine gute optische Qualität haben, bei anderen Werkstoffen sollen sie poliert sein. In allen Fällen soll die mittlere arithmetische Rauhheit nicht die in der unteren Aufstellung angegebenen Werte (Spalte 4) überschreiten.

b) *Ebenheit, Parallelität, achsensenkrechte Orientierung der Stirnflächen:*
Die Stirnflächen sollen plan, zueinander parallel und senkrecht zu der Röhrenachse gemäß den Toleranzen in den Spalten 5, 6 und 7 der nachfolgenden Aufstellung sein.

Nennlänge	Zulässige Abweichung zwischen der gemessenen und der Nennlänge		Stirnflächen, *maximale* Toleranzen			
			maximale Rauheit	Ebenheit	Parallelität	Senkrecht-Orientierung
l mm	0,01 % l ± µm	0,2 % l ± µm	µm	µm	µm	Winkel-Minuten
(1)	(2)	(3)	(4)	(5)	(6)	(7)
10	1	20	0,2	1	1	2
20	2	40	0,3	1	2	3
50	5	100	0,4	2	4	4
100	10	200	0,6	3	6	6
200	20	400	0,8	4	8	8
400	40	800	1,0	5	10	10

7.3.6. Röhrenfassungen

Die Röhren und ihre Fassungen sollen so beschaffen sein, daß sie keine Beeinträchtigungen des Strahlenganges hervorrufen und daß die Röhrenachse mit der optischen Achse des Saccharimeters innerhalb einer Toleranz von 0,5 Winkelgrad zusammenfällt.

7.3.7. Abschlußgläser

Die Dicke der Abschlußgläser soll zwischen 1 und 2 mm betragen. Die Gläser sollen genügend frei von inneren Spannungen sein, damit die Saccharimeteranzeige um nicht mehr als 0,01° S variiert, wenn man eine leere Röhre mit den Abschlußgläsern um mindestens 180° um ihre Achse dreht (oder, falls sich die Röhre nicht drehen läßt, wenn man nur die beiden Gläser gleichzeitig dreht). Die Flächen der Abschlußgläser sollen eine gute optische Qualität haben, sie sollen plan sein, und zwar bis auf höchstens 0,01 % der kürzesten Röhrenlänge, mit der sie verwendet werden. Die Flächen der Gläser sollen bis auf 5 Winkelminuten parallel sein. Man vergleiche auch die Ausführungen auf S. 28—29.

7.3.8. Einsatzbereitschaft

Die mit Lösung beschickten einfachen oder Durchflußröhren mit Thermostasiermantel sollen innerhalb von weniger als 15 Sekunden ihre Temperaturkonstanz annehmen, wenn sie mit einem thermostasierenden Wasserstrom von höchstens 1 Liter in der Minute beschickt werden.

7.3.9. Bezeichnungen

Auf jeder Röhre sollen angegeben werden:

Name und Anschrift des Herstellers oder sein Herstellerzeichen,

die Fabrikationsnummer,

die Genauigkeitsklasse 0,01 % l oder 0,2 % l und der Meßwert der Röhrenlänge,

die Nennlänge.

Die Angaben sollen leserlich und unverletzlich sein. Es soll ein freier Raum für ein eventuelles Prüfzeichen und eine Prüfnummer verfügbar sein.

7.4. Anforderungen an polarimetrische Saccharimeter

Die *Physikalisch-Technische Bundesanstalt*, Braunschweig, hat im Rahmen der *Organisation Internationale de Métrologie Légale* eine Reihe von Empfehlungen für Saccharimeter ausgearbeitet, die in Zusammenarbeit des deutschen Fachmanns (R. Bünnagel) mit ausländischen Kollegen im September 1969 fertiggestellt wurden und Anfang 1970 im Druck erscheinen werden. Dieser zur Zeit der Abfassung dieses Buchmanuskripts zur Verfügung gewesene Entwurf*) wird nachstehend aus der französischen Niederschrift in wörtlicher Übersetzung durch den Verfasser dieses Buches wiedergegeben:

Die polarimetrischen Saccharimeter sind Geräte zur Bestimmung des Zuckergehalts in den verschiedenen Zuckersubstanzen: sie basieren auf der optischen Wirkung dieses Zuckers in einer wäßrigen Lösung, die aus der untersuchten Substanz in bestimmter Konzentration hergestellt ist und an der man die Drehung der Schwingungsebene von Licht mißt, das die Lösung durchsetzt hat. Der Zuckergehalt wird in Zuckergrad (°S) ausgedrückt.

7.4.1. Anwendungsbereich

Die vorliegende Empfehlung gilt für:

a) okulare und photoelektrische Saccharimeter mit *drehbarem* Polarisator oder Analysator zur Messung des Drehungswinkels; sie werden mit einer monochromatischen Lichtquelle beleuchtet, deren Wellenlänge bekannt ist und zwischen 540 und 650 nm liegen soll.

b) okulare und photoelektrische Saccharimeter mit *Quarzkompensator*, die beleuchtet werden

entweder mit einer *monochromatischen* Lichtquelle, deren Wellenlänge bekannt ist und zwischen 540 und 650 nm liegen soll;

oder mit *Glühlicht* in Verbindung mit einem Filter, das folgende Bedingungen erfüllt: die spektrale Energieverteilung des Glühlichts soll mit der spektralen Selektion des Filters und der spektralen Empfindlichkeit des Empfängers (Auge oder Photomultiplier) eine Schwerpunktswellenlänge von 590 nm ergeben.

---

*) Er ist im wesentlichen konform mit den Empfehlungen der ICUMSA.

c) okulare und photoelektrische Saccharimeter, die nach einem anderen Meßprinzip als nach a) und b) arbeiten (siehe dazu Abschnitt 7.4.3 letzter Absatz).

7.4.2. Allgemeines

Die okularen Saccharimeter sollen mit einem Halbschatten ausgestattet sein, aber der Halbschattenabgleich darf keine systematischen Fehler hervorrufen. Der *Halbschattenwinkel* kann fest oder veränderbar sein. Wenn er fest ist, soll er zwischen 5° und 10° betragen. Ist er veränderbar, so soll er zwischen 0° und mindestens 10° veränderbar und bei jedem ganzen Grad feststellbar sein. Kalkspatpolarisatoren mit schrägen Endflächen sind nicht zugelassen.

7.4.3. Skala

Die Ableseskala der Saccharimeter soll nach *internationalen Zuckergraden* (°S) geteilt sein. Wie auch die Länge der Polarimeterröhre, die für ein Saccharimeter spezifisch ist, beschaffen ist, soll die Skala so geteilt sein, daß die Normalzuckerlösung in dieser Röhre die Ablesung 100°S ergibt. Bei Saccharimetern mit der Maximalablesung x°S ($x < 100$) soll die Röhrenlänge so sein, daß eine Zuckerlösung mit der Konzentration $\frac{x}{100} \cdot c$ die Ablesung x°S ergibt (c ist die Konzentration der Normalzuckerlösung).

Die Teilung soll bei der Temperatur 20° C exakt sein. Die Skala soll linear unterteilt sein und der Meßbereich zwischen —20°S und +120°S betragen.

Die Skala soll mit Hilfe von *Quarzkontrollplatten* kontrolliert und kalibriert werden können oder mit anderen geeigneten Etalons, deren Werte innerhalb ±0,02% über einen Zeitraum von 5 Jahren konstant bleiben sollen.

7.4.4. Werkstoffe

Die Saccharimeter sollen aus Werkstoffen hergestellt sein, die gegen die bei Zuckermessungen benutzten Reagenzien widerstandsfähig sind. Ferromagnetische Werkstoffe sollen, um Störungen der optischen Drehung auszuschließen, vermieden werden.

Der Quarz der Quarzkeilsaccharimeter soll optisch rein sein. Die Linsen und Glasplatten zwischen Polarisator und Analysator sollen genügend frei von inneren Spannungen sein, damit die instrumentelle Anzeige bei allen normalen Lagerungen der Polarimeterröhre oder des Kontrollmittels in allen Punkten des Meßbereichs nicht die Abweichung 0,01°S überschreitet.

7.4.5. Konstruktion

Der Aufbau der Saccharimeter soll so stabil sein, daß gewöhnliche Schwingungen oder Erschütterungen in den Arbeitsräumen die Messungen nicht beeinträchtigen. Die Konstruktion muß eine leichte Reinigung der optischen Teile des Gerätes zulassen, insbesondere bei Verschmutzung durch Zuckerlösung und durch Reagenzien, die bei der Zubereitung der Lösungen benutzt werden. Die inneren optischen Teile sollen gegen Eingriffe durch unbefugte Personen abgesichert sein.
Der Strahlengang soll so verlaufen, daß durch Einbringen der Polarimeterröhre keine Abblendung und keine Spiegelung an der Röhrenwand erfolgt. Derjenige Teil des Strahlenganges, in dem sich die Polarimeterröhre befindet, soll an jedem Ende durch eine kreisförmige Blende begrenzt werden, wenn nicht der Strahlengang nach einem Prinzip der Strahlenbegrenzung (nach Art der Köhlerschen Beleuchtung) geregelt ist.
Die Halterung oder die Justiervorrichtung für die Polarimeterröhre oder den Kontrollquarz oder andere Kontrollmittel soll derart sein, daß die optische Achse des Gerätes mit der Achse der Röhre oder des Kontrollquarzes oder des anderen Kontrollmittels weniger als 0,5 Winkelgrad bildet (oder dazu gebracht werden kann).
Die Ablesevorrichtungen sollen mit einer Einrichtung zur *Nullpunktskorrektur* ausgerüstet sein.
Die Temperatur der Polarimeterröhre soll sich im Betrieb des Gerätes um nicht mehr als 1° C erwärmen.
Die *okularen* Halbschatten-Saccharimeter sollen so beschaffen sein, daß das Beobachtungsfernrohr die Einstellung auf die Trennungslinie zwischen den beiden Hälften des Einstellfeldes gestattet und daß die Halbschatten-Leuchtdichte in allen Teilen des Einstellfeldes bis auf 0,5% gleichmäßig ist.
Die Beleuchtung der Saccharimeter soll derart sein, daß bei der Messung an *gefärbten* Lösungen eine Veränderung der effektiven Wellenlänge, wie sie durch die Lösung auf dem Empfänger hervorgerufen wird, die Meßergebnisse um nicht mehr als 0,02% beeinflußt.
Der Rauschpegel *photoelektrischer* Saccharimeter soll genügend niedrig sein, damit die Meßgenauigkeit gemäß Absatz 7.4.6 im Spektralbereich 540—650 nm selbst bei Lösungen mit den folgenden optischen Dichten keine Einbuße erleidet:

Dichten	1,0/cm	für	Polarimeterröhren	von	10	mm	Länge,
,,	0,5	,,	,,	,,	20	,,	,, ,
,,	0,1	,,	,,	,,	50—100	,,	,, ,
,,	0,05	,,	,,	,,	200	,,	,, ,
,,	0,03	,,	,,	,,	400	,,	,, .

Eine halbe Stunde nach dem Einschalten soll der systematische Fehler der photoelektrischen Polarimeter während einer Zeitdauer von 24 Stunden den Betrag 0,05° S nicht übersteigen.
Die *automatischen* Saccharimeter sollen das endgültige Meßergebnis mit einer mittleren Geschwindigkeit von nicht unter 4° S/sec anzeigen. Die Zeit für die Anzeige von 120° S soll 30 sec nicht überschreiten.
Die Saccharimeter sollen den Vorschriften der vorliegenden Empfehlung unter den jeweiligen Kennwerten des elektrischen Versorgungsnetzes genügen, wobei Spannungsschwankungen um ±10 % und Frequenzabweichungen um ±2 % von den Nennwerten zugelassen werden können.

7.4.6. Genauigkeitsklassen und Fehlertoleranzen

Entsprechend der Meßunsicherheit sind die Saccharimeter in drei Genauigkeitsklassen einzuteilen: 0,2; 0,1; 0,05. Die Meßunsicherheit bei jeder Messung entlang der Skala soll

a) für Saccharimeter der Klasse 0,2 ··· ±0,2° S,
b) „ „ „ „ 0,1 ··· ±0,1° S,
c) „ „ „ „ 0,05 ··· ±0,05° S,

bei der statistischen Sicherheit 95 % nicht überschreiten.

7.4.7. Bezeichnungen

Die Saccharimeter sollen die nachfolgenden Angaben tragen:

Name und Anschrift des Herstellers oder sein Herstellungszeichen,
die Bezeichnung „Internationale Zuckerskala“,
die Genauigkeitsklasse,
die Länge der vorgeschriebenen Röhre oder Röhren,
die Masse des Stoffes in 100 cm³ Lösung, von dem der Zuckergehalt bestimmt werden soll,
die Temperatur und eventuell die Wellenlänge, für die die Saccharimeterskala gilt.

Die Bezeichnungen sollen lesbar und unverletzlich sein. Es soll ein freier Raum für ein eventuelles Prüfzeichen und eine Prüfnummer verfügbar sein.

Die Empfehlungen lassen erkennen, daß an die Hersteller von Saccharimetern erhebliche Ansprüche gestellt werden, die einen entsprechend hohen Aufwand bei der Werkstoffbeschaffung, in der Herstellung und in der Qualitätskontrolle mit dem dafür benötigten Instrumentarium erfordern. Für den Käufer von Saccharimetern schlägt sich dies alles natürlich im Anschaffungspreis nieder, ungeachtet der Sorgfaltpflicht, die laufend im Betriebe geübt werden muß, damit die Geräte und das Zubehör instandgehalten werden. Ein regelmäßiger Service dürfte wichtig sein.

7.5. Saccharimeter-Konstruktionen

7.5.1. Quarzkeil-Saccharimeter

7.5.1.1. Die Quarzkeil-Kompensation

Für die Zuckerpolarimetrie wurden bis zur Mitte unseres Jahrhunderts keine Kreispolarimeter, sondern ausschließlich sogenannte Quarzkeil-Saccharimeter benutzt; sie sind auch heute noch vielfach in Gebrauch, obwohl sich in zunehmendem Maße photoelektrische Zuckerpolarimeter durchsetzen, die zum Teil Kreispolarimeter sind.

Die okularen Quarzkeil-Saccharimeter verschiedener Hersteller und auch die photoelektrischen Saccharomate von Schmidt & Haensch sowie das automatische Saccharimeter von Jobin & Yvon haben statt eines in einem Teilkreise drehbaren Analysators (bzw. Polarisators) ein Quarzkeilpaar zwischen Polarisator und Analysator, mit dem die Drehung einer Saccharose-Lösung kompensiert wird. Polarisator und Analysator stehen fest in gekreuzter Stellung.

Das Quarzkeilpaar bildet eine planparallele Platte, die nach Abb. 62 von zwei rechts drehenden Quarzkeilen mit gleichen Keilwinkeln gebildet wird. Durch Verschieben des Keils 1 in seiner Längsrichtung ist die effektive Dicke der Quarzkeilplatte veränderbar. Die Hauptsymmetrieachsen in den Keilen stehen senkrecht zu der gebildeten Platte. Dadurch erzeugt die Platte eine veränderbare optische Drehung, diese hängt linear von der effektiven Plattendicke $d_1 + d_2$ ab. Die Stellung des verschiebbaren Keils wird an einer gleichmäßig unterteilten linearen Skala abgelesen, deren Werte bereits °S angeben, wenn die oben ausführlich dargelegten Vorschriften eingehalten werden. Eine planparallele Platte 3 aus linksdrehendem Quarz mit der festen Dicke d_3 legt die Grenzen des durch die Keilverschiebung bedingten Meßbereichs fest. Der Drehwinkel α in °S ist

$$\alpha = (\alpha) \cdot [(d_1 + d_2) - d_3], \qquad (164)$$

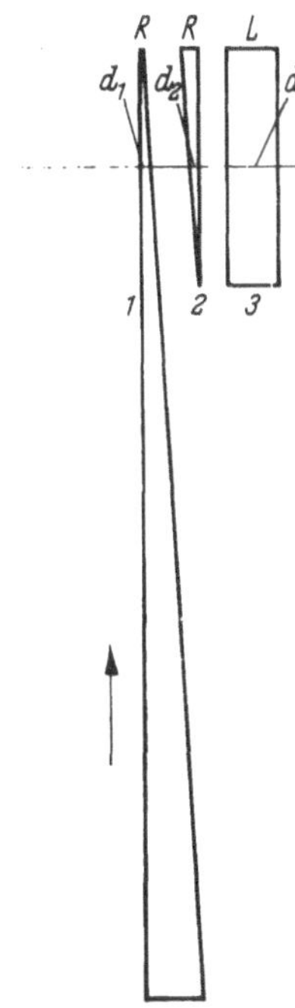

Abb. 62: Quarzkeil-Kompensationssystem. 1 verschiebbarer Keil aus Rechtsquarz, 2 fester Keil aus Rechtsquarz, 3 Platte aus Linksquarz, 1 bis 3 senkrecht zur Hauptsymmetrieachse des Quarzes geschliffen

wobei $(\alpha) = 62{,}760$° S/mm ist, nämlich die spezifische Drehung von Quarz in Zuckergraden für die effektive Lichtwellenlänge (585 nm) im

Quarzkeil-Saccharimeter. Der tiefere Sinn des Quarzkeilpaares liegt in der folgenden Tatsache. Quarz und Saccharose haben im Wellenlängenbereich von Grün bis Rot genügend konforme Rotationsdispersion. Man ist daher nicht auf besonders gute Monochromasie der Lichtquelle angewiesen. Man kann Glühlicht verwenden, von dem durch ein geeignetes Massivglasfilter oder Flüssigkeitsfilter ein relativ breites Spektralband um 585 nm herum (siehe 7.4.1) durchgelassen wird, so daß eine relativ helle Beleuchtung erzielt wird.

7.5.1.2. Die Temperaturkorrektion bei Quarzkeil-Saccharimetern

Bei den üblichen Saccharosebestimmungen erfolgen die Standardeinwaage, Lösungsbereitung und Polarimetrierung bei der gleichen Temperatur t° C, die mit Sicherheit zwischen 10° C und 30° C liegt. Temperaturabweichungen von 20° C beeinflussen nicht nur die spezifische Drehung der Saccharose (vgl. S. 10), sondern auch das Lösungsvolumen, die Konzentration der Lösung, die Röhrenlänge, die Quarzkeilkompensation und die Ableseskala. Diese Einflüsse addieren sich mit teils gleichen, teils gegensinnigen Vorzeichen. Für die Normalzuckerlösung (100° S) ist der Korrektionsfaktor +0,030 je Grad Celsius der beste Mittelwert aus zahlreichen Bestimmungen [1]. Wird also bei t° C ein Zuckerwert S^{t° gefunden, so ergibt sich der korrigierte Zuckerwert zu

$$S^{20^\circ} = S^{t^\circ} + 0{,}0003 \cdot S^{t^\circ} \cdot (t - 20). \tag{165}$$

Diese Temperaturkorrektion ist für alle routinemäßigen Saccharosebestimmungen mit Quarzkeilsaccharimetern ohne besondere Berücksichtigung der Werkstoffe für Röhren und Skalen ausreichend genau [1]. Es gibt ein Temperaturintervall, bei dem die Anwendung der Korrektion unterbleiben kann. Dieses hängt von der Größe der zufälligen Meßfehler des Gerätes ab. Wenn diese beispielsweise ±0,025° S betragen und der Meßwert bei 20° S liegt, so erübrigt sich eine Temperaturkorrektion, wenn

$$|0{,}0003 \cdot 20 \cdot (t - 20)| \leqq 0{,}025,$$

d.h. für

$$|t - 20| \leqq 4^\circ \text{ C},$$

somit liegt der korrektionsfreie Bereich zwischen 16° C und 24° C. Bei *Kreispolarimetern* ist die korrektionsfreie Temperaturabweichung größer, sie folgt aus

$$S^{20^\circ} = S^{t^\circ} + 0{,}0002 \cdot S^{t^\circ} \cdot (t - 20). \tag{166}$$

Der korrektionsfreie Temperaturbereich ist daher 1,5mal größer als bei Quarzkeilpolarimetern (14° C bis 26° C bei 20° S).

In den *Tropen* liegt die mittlere Raumtemperatur bei 27,5° C. Die Umrechnung auf 20° C erfordert daher eine Korrektion. Um eine solche zu umgehen, werden die Quarzkeilsaccharimeter für Tropengebrauch durch eine entsprechende Intervallteilung der Skala tropengerecht gemacht. Allerdings ist in den Tropen heutzutage eine Raumklimatisierung auf 20° C so allgemein verbreitet, daß besondere Tropensaccharimeter nicht benötigt werden.
Die Überprüfung eines Quarzkeilsaccharimeters mit einem *Kontrollquarz* bei der Temperatur t° C erfordert nur einen geringen Korrektionswert, er beträgt beim Quarzwert 100° S nur

$$\begin{aligned} &+5 \cdot 10^{-4}(t - 20) \text{ mit Metallskala,} \\ &-5 \cdot 10^{-4}(t - 20) \text{ mit Glasskala.} \end{aligned} \qquad (167)$$

Bei Zuckergemischen, die z.B. relativ viel Melasse neben Saccharose enthalten, gelten die obigen Korrektionswerte der Saccharose nicht. Hier muß allerdings der Hinweis darauf genügen. Näheres ist dem Fachschrifttum für die Zuckertechnik zu entnehmen, z.B. besonders eingehend in [1].

Abb. 63: Saccharimeter mit einfacher Quarzkeilkompensation. Meßbereich —30° S bis +105° S, direkte Ablesung 0,05° S, für Polarimeterröhren bis 400 mm Länge. Halbschattenpolarisator nach BECHSTEIN (Abb. 64) mit festem Halbschattenwinkel 7° (Werkfoto Schmidt & Haensch)

7.5.1.3. Beschreibung von visuellen Quarzkeil-Saccharimetern

Der Strahlengang ist im wesentlichen derselbe wie in Abb. 21 (S. 32). Polarisator und Analysator sind in Kreuzstellung fixiert. Der Polarisator ist mit Halbschatten nach LIPPICH (Abb. 26, S. 41) oder BECHSTEIN (Abb. 64) ausgerüstet. In der Lichtrichtung vor dem Analysator steht das Quarzkeil-Kompensationssystem (Abb. 62).

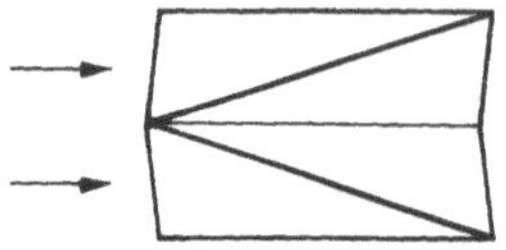

Abb. 64: Halbschattenpolarisator nach BECHSTEIN, bestehend aus nebeneinandergelegten Polarisationsprismen, die an der Kontaktfläche schräg abgeschnitten und verkittet sind. Durch die Schräge der Endflächen wird die Trennungslinie im Meßfeld beim polarimetrischen Abgleich zu völligem Verschwinden gebracht

Abb. 65: Saccharimeter mit doppelter Quarzkeilkompensation. Meßbereich —105° bis + 105° S, direkte Ablesung 0,1° S. Für Polarimeterröhren bis 400 mm Länge. Halbschattenpolarisator nach BECHSTEIN (Abb. 64) mit festem Halbschattenwinkel 7° (Werkfoto Schmidt & Haensch)

Quarzkeil-Saccharimeter gibt es für verschiedene Meßbereiche, z.B.:

a) mit *einfacher* Quarzkeil-Kompensation für den Meßbereich —30° S bis +105° S (Abb. 63) oder für den Meßbereich 0° S bis 40° S, im letzteren Falle für die Messung an Zuckerrohsäften;

b) mit *doppelter* Quarzkeil-Kompensation für den Meßbereich —105° S bis +105° S (Abb. 65).

Bei der *doppelten* Quarzkeil-Kompensation wird nach Abb. 66 die Quarzplatte 3 der Abb. 62 aus gleichfalls zwei Keilen 3a und 3b gebildet, dessen längerer verschiebbar ist wie auch der Keil 1, aber unabhängig von diesem. Je nach der Einstellung des Keils 3b mißt man dann an verschiedenen Stellen der mit Keil 1 verbundenen °S-Skala; der Drehwert der Zuckersubstanz ist durch rechnerische Differenzbildung der Ablesungen ohne und mit der Zuckerlösung bei der gewählten Einstellung von Keil 3b zu bestimmen. Dies ist für genaue Messungen zweckmäßig, denn lange Quarzkeile sind nicht unbedingt optisch homogen. Daher bekommt man bei Wiederholungsmessungen in jeweils anderen Stellungen des Keils 3b immer etwas unterschiedliche Drehwerte, zwischen denen man dann mittelt oder die man mittels einer *Fehlerkurve* korrigiert. Die Fehlerkurve läßt sich mit geeigneten Kontrollquarzen ermitteln. Dies ist sehr wichtig, wenn man die doppelte Quarzkeil-Kompensation voll ausnutzen will.

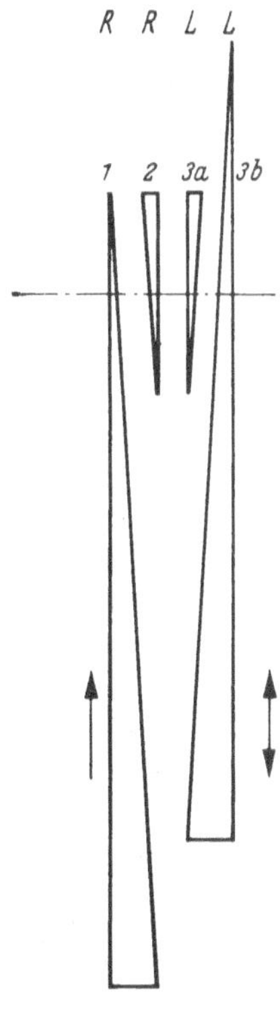

Abb. 66: Doppelte Quarzkeilkompensation

Bei allen Quarzkeil-Saccharimetern ist die Prüfung der Skala mit Kontrollquarzen unbedingt notwendig, während dies bei Kreispolarimetern mit °S-Skala allenfalls dazu dient, eventuelle Meßdifferenzen zu erkennen, die auf unterschiedlichen Schwerpunktswellenlängen verschiedener Lampen (auch desselben Typs) beruhen.

7.5.1.4. Tropen-Erfordernisse

Für den Gebrauch in den Tropen werden die Quarzkeil-Polarimeter zweckmäßig mit abnehmbaren Polarisatoren und Analysatoren ausgerüstet, um sie bei Nichtgebrauch in einem Trockenschrank aufzubewahren. Über eine den Tropentemperaturen angepaßte Zuckerskala wurde bereits auf S. 137 berichtet.

7.5.2. Photoelektrische Saccharimeter

Die Saccharimetrie in Zuckerfabriken und größeren Zuckerinstituten wird künftig vorwiegend mit photoelektrischen Polarimetern durchgeführt werden, die sich dort heute schon großer Beliebtheit erfreuen, weil mit erheblich reduziertem Personalaufwand dennoch ein erhöhtes Arbeitspotential, zumal in den Monaten der Zuckerkampagne, erreicht wird und auch dunkle Säfte etwa ebenso genau gemessen werden können wie helle Säfte. Von Vorteil ist ferner, daß verdunkelte Arbeitsräume nicht mehr erforderlich sind.
Die photoelektrischen Saccharimeter (vgl. Tabelle 25) unterscheiden sich im Modulationsverfahren nicht von photoelektrischen Polarimetern für die allgemeine Chemie. Sie sind teils Kreispolarimeter mit Faraday-

Abb. 67: Saccharomat II mit Digitalanzeige und Kartendrucker (Werkfoto Schmidt & Haensch)

oder mechanischer Modulation, die im Licht der grünen Hg-Linie arbeiten, teils Quarzkeil-Kompensationsgeräte, die in dem für solche Geräte üblichen gefilterten Glühlampenlicht messen. Wurden von der ICUMSA früher nur Quarzkeil-Kompensationspolarimeter zugelassen, so sind inzwischen neue Bestimmungen erarbeitet worden, die auch

Kreisgeräte mit grünem Licht freigeben, womit einer fortschrittlichen Entwicklung offiziell die Bahn geebnet wurde (vgl. S. 131).
In Deutschland kam 1958 Carl Zeiss mit seinem *Automatischen Zuckerpolarimeter* 0,05° S (Abb. 68) serienmäßig heraus (Wenking [109]). Dieses Gerät ermöglichte vollautomatische Reihenmessungen. Es ist, obwohl es inzwischen durch das Zeiss'sche *Digitalpolarimeter* OLD 3

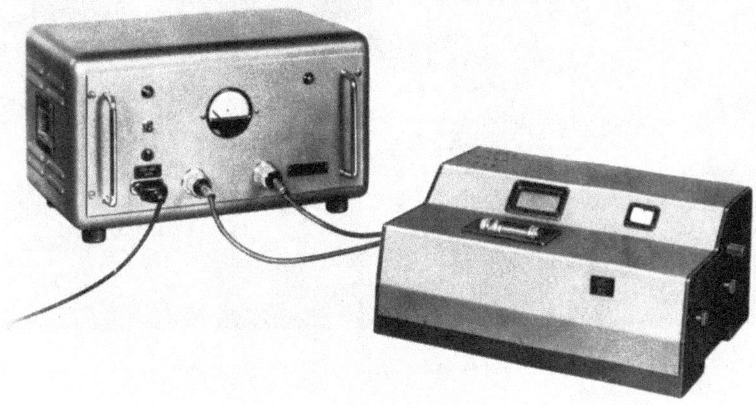

Abb. 68: Automatisches Zuckerpolarimeter 0,05° S (Werkfoto Carl Zeiss)

abgelöst worden ist, heute noch in Laboratorien von Zuckerfabriken, Raffinerien, zuckerverarbeitenden Betrieben, Saatgutforschungsanstalten, technologischen und Forschungsinstituten im Gebrauch (Becker [25]). Außerdem wird es mit einer Glucose-Prozentskala in Diabetiker-Kliniken für Reihenbestimmungen des Harnzuckers sowie in Betrieben der pharmazeutischen und technischen Chemie für schnelle Polarimetrierungen an großen Probenserien angewandt.
Anfangs noch dreiteilig (Meßgerät, Röhrenverstärker, Netzanschlußgerät) wurde das Automatische Zuckerpolarimeter von Zeiss ab 1964 auf Transistorverstärkung umgestellt, wodurch Verstärkung und Netzanschluß in einem gemeinsamen Gehäuse untergebracht werden konnten.
Wie schon angedeutet wurde, ist inzwischen anstelle des Automatischen Zuckerpolarimeters das Digitalpolarimeter OLD 3 für Zuckeranalysen getreten (wie Abb. 41, jedoch mit fünfstelliger Digitalanzeige in °S). Tabelle 25 stellt die wesentlichen Daten dieses Geräts zusammen.
Zur Rübenkontrolle bietet Carl Zeiss ein interessantes, auf jedem Arbeitstisch aufstellbares einfaches Gerät in dem erstmals auf der Achema 1967

gezeigten automatischen *Kompensationspolarimeter* (Abb. 69) an. Bei diesem Gerät ist außer dem wechselstromgespeisten Faraday-Modulator noch ein Faraday-Kompensator enthalten, der mit gleichgerichtetem Strom gespeist wird. Seine Stromstärke stimmt sich automatisch auf Kompensation der jeweiligen optischen Drehung ab und wird in einem Zeigerinstrument gemessen, wobei die Ablesung °S bzw. % Glucose

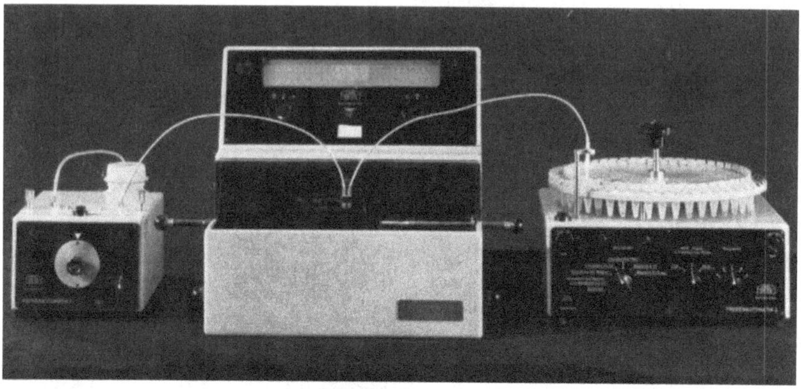

Abb. 69: Automatisches Kompensationspolarimeter OK 1 mit Probenautomatik (Werkfoto Carl Zeiss)

liefert. Das Gerät ist auf zwei Meßbereiche umschaltbar, und zwar 0° S bis 25° S (Intervall 0,1° S) bzw. 0 % bis 15 % Glucose (Intervall 0,1 %) und 0° S bis 2,5° S (Intervall 0,01° S) bzw. 0 % bis 1,5 % Glucose (Intervall 0,01 %). Die Kompensation ist jeweils für Glucose oder Saccharose oder Invertzucker einschaltbar. Die Kompensationsmethode hat den Vorteil, daß man keine mechanisch bewegten Teile hat und für die angegebenen Substanzen mit einem Breitbandfilter arbeiten kann. Für andere Substanzen sind allerdings engere Filter erforderlich. Ein mitgelieferter Standard dient zur Kontrolle der Anzeige, gegebenenfalls können Nullpunkt und Sollwert sehr einfach nachgestellt werden.
Bemerkenswert ist der Bedienungskomfort durch ein Zusatzgerät für die halb- und vollautomatische *Probenzufuhr*, das Serienmessungen außerordentlich erleichtert (Abb. 69).
Mit dieser Einrichtung können in einem Arbeitsgang bis zu 50 Proben dem Polarimeter zugeführt werden. Sie besteht aus einer programmgesteuerten Schlauchpumpe, welche die zu messende Substanz aus dem Probengefäß durch einen Kunststoffschlauch in die Meßküvette saugt, die mit einer kleinen Menge der neuen Probe ein- oder mehrmals vorgespült werden kann. Alle notwendigen Bewegungen der Schlauchpumpe werden durch Programmscheiben gesteuert, die einfach ausgewechselt

werden können, so daß sich die Schlauchpumpe auf andere Füllprogramme umstellen läßt.
In einem zweiten Teil der Einrichtung, einem Steuergerät mit Probenteller, ist ein Programmschaltwerk des Steuergerätes vorhanden, das alle Funktionen der gesamten Probenautomatik und des Polarimeters steuert. Auch bei diesem Programmschaltwerk können die Programmwalzen ausgewechselt werden, dadurch läßt sich z.B. die Anzahl der Proben pro Minute wählen, so daß man zusammen mit den auswechselbaren Programmscheiben der Schlauchpumpe den für eine vorliegende Aufgabe günstigsten Kompromiß zwischen einer möglichst großen Anzahl von Proben pro Minute und dem noch zulässigen Verschleppungsfehler beim Vorspülen wählen kann.

7.5.3. (Tabelle 25 siehe am Schluß des Bandes)

8. Magneto-optische Drehung (MOR) und magneto-optische Rotationsdispersion (MORD)

Magnetischer Zirkulardichroismus (MCD)

Auf die magneto-optische Drehung wurde schon auf S. 6 hingewiesen, sie wird in vielen photoelektrischen Polarimetern im Faraday-Modulator technisch verwertet. Sie scheint aber auch als stoffliche Eigenschaft inzwischen für die organische und anorganische Chemie ebenso interessant geworden zu sein wie die optische Drehung der natürlich optisch aktiven Substanzen. Weiterhin gilt Entsprechendes für die magneto-optische Rotationsdispersion und den magneto-optischen Zirkulardichroismus.

Untersucht man die *magneto-optische Drehung* (MOR) von Lösungen, so gilt das Verdetsche Additivitätsgesetz

$$\alpha = \alpha_1 + \alpha_2, \tag{168}$$

wobei α die MOR der Lösung, α_1 diejenige des Lösungsmittels und α_2 diejenige der gelösten im unmagnetischen Felde optisch inaktiven Substanz sind.

Für α_2 in Minuten gilt die schon bekannte Gleichung (4) in der konzentrationsabhängigen Formulierung

$$\alpha_2 = \omega \cdot c \cdot l \cdot H, \tag{169}$$

wo ω die Verdetsche Konstante, c die Konzentration, l die Schichtlänge und H die magnetische Feldstärke sind.

Die *magneto-optische Rotationsdispersion* (MORD) und die *magneto-optische Elliptizität* (MCD = magneto-circular-dichroism) haben nach Djerassi [6] in Idealfällen drei verschiedene Verhaltensweisen:

1. Wenn im spektralen Untersuchungsbereich *keine* Absorptionsbande vorhanden ist, beobachtet man eine flache Kurve der MORD und keinen MCD.

2. Wenn eine *einzige* Absorptionsbande wirksam ist, erhält man bei *paramagnetischen* Substanzen eine MORD-Kurve mit einem Gipfel und einem Tal sowie ein Maximum im MCD.

3. Wenn eine *einzige* Absorptionsbande wirksam ist, erhält man bei *diamagnetischen* Substanzen eine MORD-Kurve mit drei Extremwerten,

dabei ist sie symmetrisch beiderseits der Absorptionswellenlänge. Bei dieser Wellenlänge kann die MORD-Kurve einen Gipfel haben mit zwei Tälern zu beiden Seiten oder umgekehrt. Die Dispersion der Verdetschen Konstante *diamagnetischer* Substanzen wird durch die Gleichung

$$\omega_\nu = \sum_i \frac{C_i}{(\nu_i^2 - \nu^2)^2} \tag{170}$$

dargestellt, mit Konstanten C_i und molekularen Eigenfrequenzen ν_i. Da die Differenzen der Frequenzquadrate ebenfalls quadratisch auftreten, hat die magneto-optische Drehung beiderseits einer Absorptionslinie dasselbe Vorzeichen. Die MCD-Kurve hat bei der Absorptionswellenlänge einen Wendepunkt, seitlich davon je ein Maximum und ein Minimum.

Im allgemeinen sind die Kurven jedoch nicht so ideal. Die theoretischen Erklärungen experimenteller Beobachtungen dieser Art unterscheiden Ionen oder Atome und Moleküle. J. BADOZ behandelt die Theorien in dem von SNATZKE [21] herausgegebenen Sammelwerk von Vorträgen. Ähnlich wie bei der ORD treten auch bei der MORD Anomalien auf, die für den Chemiker interessant zu sein versprechen. BADOZ antwortet vorläufig auf die Frage, welche Zukunft Untersuchungen des Faraday-Effekts haben werden, mit dem geflügelten Wort: „Il n'est pas nécessaire d'espérer pour entreprendre ni de réussir pour persévérer."

H. LÖFFLER und M. MÄCHLER beschreiben eine Vorrichtung zur Messung der MORD. Dazu läßt sich das *Doppelmagnetsystem* nach Abb. 70 im Probenraum des Spektralpolarimeters von Zeiss unterbringen. Wie be-

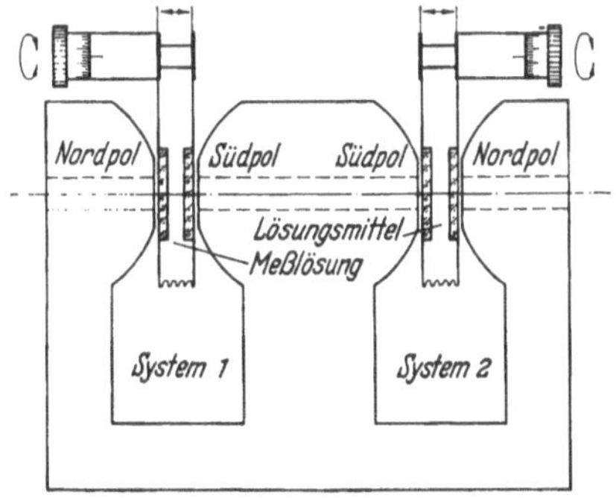

Abb. 70: Schema des Doppelmagnetsystems

kannt, wird in einem Magnetfeld jeder Stoff optisch-aktiv, d.h. also auch die Luft zwischen den Polschuhen, die Küvettenfenster und das Lösungsmittel.

Verwendet man einen Magneten mit nur *einem* Luftspalt, so sind *drei* Messungen notwendig, um die MORD-Kurve zu erhalten:

1. mit leerer Küvette (K_0),
2. mit dem Lösungsmittel in der Küvette (R_0),
3. mit der Lösung in der Küvette (R_L).

Die Drehung α des gelösten Stoffes berechnet sich punktweise für die einzelnen Wellenlängen nach der folgenden Formel:

$$\alpha = R_L - K_0 - \frac{d_s - c}{d_0} \cdot (R_0 - K_0), \tag{171}$$

mit d_s als Dichte der Lösung, d_0 als Dichte des Lösungsmittels und c als Konzentration der Lösung.
Die eigentlich interessierende Größe, die Drehung des gelösten Stoffes, ist dabei sehr klein gegenüber der störenden Grunddrehung des Lösungsmittels und der Küvette. Das Verhältnis von Meßgröße zu Untergrund ist von der magnetischen Feldstärke unabhängig, eine Steigerung der letzteren bringt also keinerlei Gewinn, sondern eher den Nachteil, daß wegen des sehr steilen Kurvenanstiegs der Grunddrehung die volle Empfindlichkeit des Spektralpolarimeters nicht mehr ausgenutzt werden kann.
Mit dem *Doppelmagnetsystem* dagegen läßt sich die MORD-Kurve unmittelbar mit maximaler Empfindlichkeit in einer einzigen Messung registrieren (Abb. 71). Dabei werden die Einflüsse, die durch die optische Aktivität der Küvette, der Luft und des Lösungsmittels hervorgerufen werden, exakt kompensiert. Das Magnetsystem ist als Doppel-Permanent-Magnet mit einer Feldstärke von je etwa 3 Kilogauß ausgebildet. Gegenüber einem Elektromagneten hat dies folgende Vorteile: geringere Baugröße, vollkommen konstantes Feld, geringe Kosten, keine Wärmeentwicklung. In den beiden Luftspalten sind die Felder gegeneinander gerichtet, im übrigen aber völlig gleich. System 1 enthält die Küvette mit der zu messenden Lösung, System 2 die Küvette mit dem Lösungsmittel.
Für die Drehung im System 1 gilt

$$\delta_1 = \underbrace{\omega_L \cdot B_1 \cdot l_1}_{\text{gelöster Stoff}} + \underbrace{\frac{d_s - c}{d_0} \cdot \omega_0 \cdot B_1 \cdot l_1}_{\text{Lösungsmittel}} + \underbrace{K_1}_{\text{Küvettenfenster}}; \tag{172}$$

im System 2 gilt

$$\delta_2 = \omega_0 \cdot B_2 \cdot l_2 + K_2; \tag{173}$$

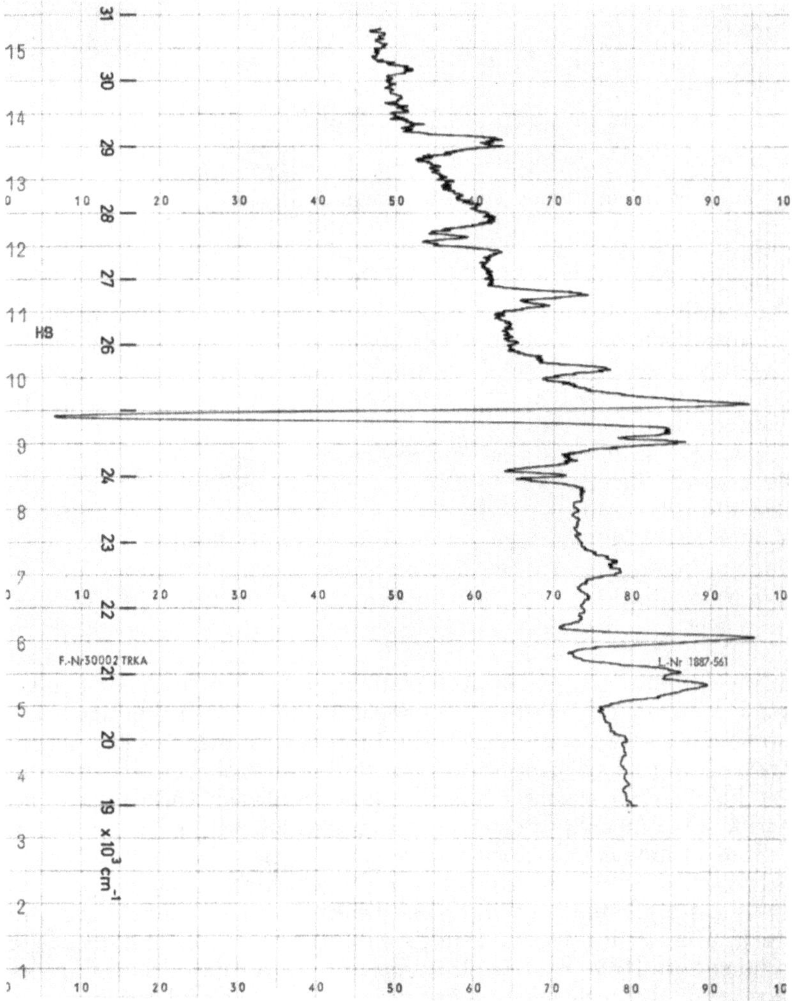

Abb. 71: Magneto-optische Rotationsdispersion von Samariumchlorid in salzsaurer Lösung. Schichtlänge 2,33 mm, Wellenzahlangaben in cm^{-1}. Feldstärke 3500 Gauß (KLING u. MÄCHLER [69])

darin sind ω die Verdetschen Konstanten, l die Schichtlängen und B die magnetischen Induktionen im Luftspalt.
Soll die Gesamtdrehung im Magnetsystem gleich der Drehung des gelösten Stoffes sein, so muß gelten

$$\alpha = \omega_L \cdot B_1 \cdot l_1 = \delta_1 - \delta_2. \tag{174}$$

Daraus ergibt sich eine zweite Bedingung:

$$\frac{d_s - c}{d_0} \cdot \omega_0 \cdot B_1 \cdot l_1 + K_1 = \omega_0 \cdot B_2 \cdot l_2 + K_2. \qquad (175)$$

Diese Bedingung läßt sich erfüllen:

1. durch variable Induktion in einem Luftspalt,
2. durch variable Schichtlänge in einem Luftspalt:

$$l_2 = \frac{d_s - c}{d_0} \; \frac{B_1}{B_2} \cdot l_1 + \frac{K_1 - K_2}{\omega_0 \cdot B_2}. \qquad (176)$$

Der erste Summand umfaßt die Korrektur, die durch die unterschiedliche Konzentration des Lösungsmittels in den beiden Luftspalten nötig ist (im einen Luftspalt reines Lösungsmittel, im anderen Luftspalt durch gelösten Stoff „verdünnt") sowie eventuelle Unterschiede der Luftspaltinduktion.
Der Ausdruck $B_1 \cdot l_1/B_2$ ist eine Systemkonstante.
Im zweiten Summanden werden die Küvettenfehler erfaßt. Da sich aber die Küvettenfehler weitgehend kompensieren, kann die Differenz $K_1 - K_2$ als Nullpunktsgang unberücksichtigt bleiben bzw. mit dem Nullpunktsgang der übrigen Meßanordnung beseitigt werden.
Man benötigt also zur Messung eine Küvette mit *variabler* Schichtlänge. Die Küvette besteht aus einem Mikrometer, zwei Haltebügeln und einem flexiblen Balg, der die Küvettenfenster trägt. Das Mikrometer besitzt eine nichtdrehende Spindel. Am Mikrometerkörper und an der Spindel sind die Haltebügel befestigt. Sie sind aufklappbar: nach dem Lösen von zwei Schrauben kann die eigentliche Küvette, der Balg mit den Quarzfenstern, in genau definierter Lage in die Haltebügel eingesetzt werden. Der Balg besteht aus zwei Hälften, in die jeweils ein Quarzfenster eingepaßt ist. Ein aufgesetzter Bajonnettverschluß verbindet die beiden Teile dicht miteinander. Zum Füllen und Entleeren sind zwei Öffnungen angebracht. Durch die eine Öffnung ist ein Schlauch bis zur tiefsten Stelle des Meßraumes geführt. Der Schlauch ragt einige Zentimeter aus der Küvette heraus und dient gleichzeitig als Verschluß für die zweite Öffnung. Mit Hilfe einer Injektionsspritze, die an den Schlauch angesetzt wird, läßt sich die Küvette vollständig füllen und entleeren.
Die *Messung* geht dann folgendermaßen vor sich:

1. Beide Küvetten werden auf gleiche Schichtlänge $l_1 = l_2$ eingestellt und mit Lösungsmittel gefüllt. Dann wird der Nullpunktsgang korrigiert und der Nullpunkt registriert.

2. Küvette 1 wird mit Meßlösung gefüllt, Küvette 2 auf die Schichtlänge

$$l_2 = \frac{d_s - c}{d_0} \cdot \frac{B_1}{B_2} \cdot l_1 \qquad (177)$$

eingestellt.

3. Nun folgt die Registrierung, die direkt die magnetische Rotationsdispersion des gelösten Stoffes über einer geraden Basislinie darstellt.

Ein Doppelmagnetsystem beschreibt auch Badoz in [21].
Die Messung der MORD und des MCD ist zur Zeit noch weitgehend wissenschaftliches Neuland, da bisher zu einer intensiven Bearbeitung die apparativen Voraussetzungen fehlten.
Das *Spektralpolarimeter* REPM 12 von Carl Zeiss wie auch das *Spectropolarimeter* 60 von Cary und das *Spectropol* I-B von fica erschließen nun dieses Forschungsgebiet auch denjenigen Interessentenkreisen, die den aufwendigen und mühevollen Weg eigener Laborkonstruktionen nicht einschlagen können.

9. Theorie der Meßfehler

9.1. Zufällige Fehler

Fehlerfreie Messungen sind prinzipiell nicht möglich. Dadurch kommt es, daß bei Wiederholungsmessungen derselben Meßgröße trotz gleicher Bedingungen und gleichen Meßverfahrens unregelmäßige Schwankungen der Meßergebnisse bemerkbar werden, allerdings nur, wenn die Ablesung entsprechend fein ist. Die Ablesung soll im allgemeinen so fein sein, daß Schwankungen noch bemerkbar sind, denn nur aus ihnen läßt sich auf die Genauigkeit des Endergebnisses schließen, das als Mittelwert einer Meßreihe herauskommt. Die Abweichungen der Einzelergebnisse vom Mittelwert nennt man *zufällige* Fehler.

Auf diese beziehen sich die nachfolgenden Betrachtungen. *Systematische* Fehler werden hierbei als nicht ins Gewicht fallend ausgeschlossen, denn es muß vorausgesetzt werden, daß einerseits das Meßgerät keine bemerkbaren systematischen Fehler ergibt, andererseits die Meßperson keine solchen Fehler begeht und auch die äußeren Umstände solche nicht einführen.

Es sei eine Reihe von N Einzelmessungen x_i gemacht worden. Sämtliche Einzelmessungen seien mit gleicher Sorgfalt vorgenommen worden. Die Wahrscheinlichkeit positiver und negativer Abweichungen vom wahrscheinlichsten Wert sei gleich groß. Dann stellt sich der wahrscheinlichste Wert als das *arithmetische* Mittel

$$\bar{x} = \frac{\sum\limits_i x_i}{N} \tag{178}$$

dar.

Die Abweichungen $x_i - \bar{x}$ verteilen sich unter den obigen Bedingungen und für $N \to \infty$ nach einer Häufigkeitskurve von Glockenform (Abb. 72), der sogenannten *Normal-* oder *Gauß-Verteilung*. Die symmetrische Glockenkurve hat zwei Wendepunkte bei $x = +\sigma$ und $x = -\sigma$, wobei

$$\sigma = \sqrt{\frac{\sum\limits_i (x_i - \bar{x})^2}{N}} \tag{179}$$

ist. In diesen Wendepunkten sind die Ordinaten der Glockenkurve

$$y = 0{,}606\,b, \tag{180}$$

wenn b die Höhe der Glockenkurve im Maximum der Häufigkeit ist. Die Koordinaten zum Zeichnen der Glockenkurve gehen aus der Tabelle 26 hervor.

σ ist ein Durchschnittswert für die Streuung der Einzelwerte x_i um den arithmetischen Mittelwert $\bar{x}$, wohlgemerkt bei $N \to \infty$. Innerhalb $\bar{x} \pm \sigma$ liegen $0{,}683 \cdot N$ Einzelmessungen, also keinesfalls sämtliche N Einzelmessungen; innerhalb $\bar{x} \pm 3\sigma$ liegen $0{,}9973 \cdot N$ Einzelmessungen.

Der arithmetische Mittelwert $\bar{x}$ ist der *wahrscheinlichste* Wert, der bei $N \to \infty$ auch der *wahre* Meßwert μ ist.
Bei $N \neq \infty$ ist $\bar{x}$ nicht zugleich der wahre Wert μ. $\bar{x}$ hat einen gewissen Fehler, den man nicht genau angeben kann und der um so kleiner wird, je größer N ist.

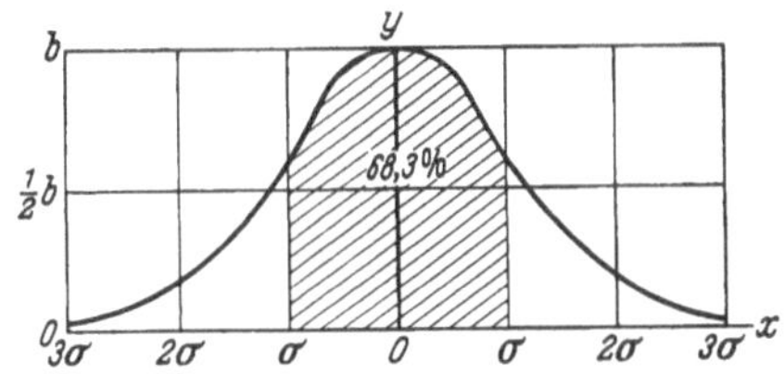

Abb. 72: Häufigkeitskurve der Normalverteilung. Innerhalb $\pm\sigma$ liegen 68,3 % aller Einzelmessungen.

Tabelle 26: Koordinaten zum Aufzeichnen der Normalverteilung (Abb. 72).

x	y
0,00 σ	1,000 b
0,25 σ	0,970 b
0,50 σ	0,883 b
1,00 σ	0,606 b
1,50 σ	0,324 b
2,00 σ	0,135 b
2,50 σ	0,044 b
3,00 σ	0,011 b

Man kann jedoch einen sogenannten „*Vertrauensbereich*" beiderseits von $\bar{x}$ angeben, innerhalb dessen der wahre Wert μ mit einer gewissen *statistischen* Sicherheit von P % liegt. Die „Vertrauengrenzen" lassen sich unter Zuhilfenahme der als „*Standardabweichung*" s bezeichneten durchschnittlichen Streuung der N einzelnen Meßwerte um den Mittelwert $\bar{x}$ bestimmen, und zwar ist

$$s = \sqrt{\frac{\sum_i (x_i - \bar{x})^2}{N-1}} \,. \tag{181}$$

Durch $N - 1$ wird der Freiheitsgrad ausgedrückt, der die überzählige Anzahl der voneinander unabhängigen Größen x_i berücksichtigt. Bei $N > 25$ kann meist auch N eingesetzt werden. Die *Vertrauensgrenzen* liegen bei

$$\pm s \cdot \frac{t}{\sqrt{N}}, \tag{182}$$

wo t, der sogenannte „Studentsche Beiwert" oder kurz *t-Beiwert* genannt, sowohl von N als auch von der statistischen Sicherheit P abhängt (Tabelle 27).
Der Vertrauensbereich ist somit

$$\bar{x} \pm s \cdot \frac{t}{\sqrt{N}} \quad (P\,\%). \tag{183}$$

Die gewählte statistische Sicherheit P wird dabei immer in Klammern hintergeschrieben. In dieser Weise werden Meßergebnisse angegeben (siehe die Beispiele auf S. 49).

Tabelle 27: Die t-Beiwerte in Abhängigkeit von N und P

N	$P = 95\%$		$P = 99\%$	
	t	$t/\sqrt{N}$	t	$t/\sqrt{N}$
5	2,8	1,24	4,6	2,1
8	2,4	0,84	3,5	1,24
10	2,3	0,72	3,25	1,03
20	2,1	0,47	2,9	0,64
30	2,05	0,37	2,8	0,50
50	2,0	0,28	2,7	0,38
100	2,0	0,20	2,6	0,26
200	1,97	0,14	2,6	0,18
∞	1,96	0	2,576	0
in Abb. 72	$x = 1{,}96\,\sigma$		$x = 2{,}576\,\sigma$	

Die Genauigkeit eines Ergebnisses wächst mit zunehmender Anzahl N von Einzelmessungen. Genügend genaue Ergebnisse setzen daher immer eine Mindestzahl N von Einzelmessungen voraus. Wenn man N bei $t/\sqrt{N} = 1$ betrachtet, so ist für $P = 95\%$ $N = 7$, für $P = 99\%$ $N = 10$.

9.2. Fehlerfortpflanzung

Bei polarimetrischen Messungen ergibt sich der Drehwinkel α durch Mittelwertsbestimmungen des „Nullpunkts“ $\bar{\psi}_0$ (siehe S. 47) und des Meßprobenpunktes $\bar{\psi}$ als $\alpha = \bar{\psi} - \bar{\psi}_0$. Sowohl $\bar{\psi}_0$ als auch $\bar{\psi}$ haben Standardabweichungen $s(\bar{\psi}_0)$ und $s(\bar{\psi})$, wie es das Beispiel auf S. 47 zeigt. Die Standardabweichung des Drehwinkels α ist nach dem Gesetz der Fehlerfortpflanzung bestimmbar, das in diesem einfachen Falle der Differenzbildung lautet:

$$s(\alpha) = \sqrt{s^2(\bar{\psi}_0) + s^2(\bar{\psi})}. \tag{184}$$

Im allgemeinen aber ist ein Meßergebnis in komplizierterer Weise von mehreren Einzelmeßgrößen abhängig. Beispielsweise sei das Meßergebnis y eine gewisse Funktion von Einzelmeßgrößen $(\bar{x}_1, \bar{x}_2, \bar{x}_3, \ldots)$:

$$y = f(\bar{x}_1, \bar{x}_2, \bar{x}_3, \ldots). \tag{185}$$

Jede Einzelmeßgröße ist Mittelwert $\bar{x}_i$ einer Meßreihe und hat eine Standardabweichung $s(\bar{x}_i)$. Die Standardabweichung des endgültigen Meßergebnisses y errechnet sich dann nach dem Gaußschen Gesetz der Fehlerfortpflanzung

$$s(y) = \sqrt{\left(\frac{\partial y}{\partial x_1}\right)^2 \cdot s^2(\bar{x}_1) + \left(\frac{\partial y}{\partial x_2}\right)^2 \cdot s^2(\bar{x}_2) + \cdots}. \tag{186}$$

In Tabelle 28 wird die Anwendung des Fehlerfortpflanzungsgesetzes auf ein praktisches Beispiel der Polarimetrie gezeigt.

Tabelle 28: Anwendung des Fehlerfortpflanzungsgesetzes auf die Bestimmung von Masseprozenten nach Gleichung (46)

$$x = \frac{\alpha}{[\alpha]} \cdot \frac{100}{c \cdot l}$$

i	$(\bar{x}_i)$	$\frac{\partial x}{\partial (x_i)} = \frac{x}{(\bar{x}_i)}$	$s(\bar{x}_i)$	$\left(\frac{\partial x}{\partial (x_i)}\right)^2 \cdot s^2(\bar{x}_i)$
1	$\bar{\alpha} = 5{,}200°$	$2{,}9 \cdot 10^{-2}$	$8 \cdot 10^{-3}$ °	$540 \cdot 10^{-10}$
2	$[\bar{\alpha}] = 66{,}670$	$2{,}25 \cdot 10^{-3}$	$1 \cdot 10^{-3}$	$0{,}05 \cdot 10^{-10}$
3	$\bar{V} = 100$ ml	$1{,}5 \cdot 10^{-3}$	$2 \cdot 10^{-3}$ ml	$0{,}09 \cdot 10^{-10}$
4	$\bar{l} = 2$ dm	$7{,}5 \cdot 10^{-2}$	$4 \cdot 10^{-4}$ dm	$9 \cdot 10^{-10}$
5	$\bar{c} = 26$ g	$5{,}8 \cdot 10^{-3}$	$3 \cdot 10^{-4}$ g	$0{,}03 \cdot 10^{-10}$
(y)	$x = 0{,}15000$			$549 \cdot 10^{-10}$

$x = 15{,}000$ Masse-Proz. $\qquad s(x) = \sqrt{549 \cdot 10^{-10}} = 24 \cdot 10^{-5}$

$s(x) = 0{,}024$ Masse-Proz.

Die Tabelle enthält in der zweiten Spalte die unabhängigen Variablen $\bar{x}_i$. Deren Standardabweichungen $s(\bar{x}_i)$ sind in der vierten Spalte in Anlehnung an praktische Gegebenheiten angeführt. Die fünfte Spalte enthält die Summanden unter der Quadratwurzel von Gleichung (186), die unter dem Strich summiert sind. Diese Summanden lassen erkennen, daß praktisch nur der Anteil der Standardabweichung $s(\bar{\alpha})$ von Einfluß ist, so daß es eigentlich genügt hätte, das Produkt der Werte der ersten Zeile aus der dritten und vierten Spalte zu bilden, um die Standardabweichung $s(x)$ zu berechnen. Aber immerhin ist die vollständige Durchführung der Tabellenberechnung nützlich, um 1. die Anwendung des Fehlerfortpflanzungsgesetzes zu demonstrieren, 2. Aufklärung über die Einflüsse der verschiedenen Standardabweichungen zu bekommen.

10. Schrifttum

10.1. Bücher

[1] Bates, F. J., et al.: Polarimetry, Saccharimetry and the Sugars. Circ. Nat. Bur. Stand. C 440. Govern. Print. Off. Washington (1942).

[2] Born, M.: Optik. 2. Aufl. Springer-Verlag, Berlin-Heidelberg-New York (1965).

[3] Bruhat, G.: Traité de Polarimétrie. Ed. Revue d'Optique. Paris (1930).

[4] Burkhardt, F.: Jb. Chem. Ind. Bd. 9. Vogt-Schild-Verlag, Solothurn (1960/61).

[5] Debout, P.: Electronique Industrielle (1963).

[6] Djerassi, C., et al.: Optical Rotatory Dispersion. McGraw Hill, New York (1960).

[7] Fieser, L. F., und M. Fieser: Lehrbuch der organischen Chemie, Verlag Chemie, Weinheim (1957).

[8] Flügge, J.: Einführung in die Messung der optischen Grundgrößen. Verlag Braun, Karlsruhe (1954).

[9] Flügge, J.: Grundlagen der Polarimetrie. Druckschrift 50—305, Carl Zeiss, Oberkochen (1964).

[10] Fopiano, P. J., und M. B. Trageser: Diss. MIT, Cambridge, Mass. (USA) (1951).

[11] Hollemann, A. F., und F. Richter: Lehrbuch der organischen Chemie, Walter de Gruyter, Berlin (1954).

[12] Hoppe-Seyler/Thierfelder: Hdb. physiol. und pathol.-chem. Analyse. 10. Aufl. Bd. I (Kortüm, G., und M. Kortüm-Seiler: Polarimetrie, 479 bis 498). Springer-Verlag, Berlin-Göttingen-Heidelberg (1953).

[13] ICUMSA: Report of the Proceedings of the 14th Session (1966).

[14] Kresze, G.: Physikalische Methoden in der organischen Chemie. Samml. Göschen 44 und 45/45a.

[15] Kuhn, W., und K. Freudenberg: Natürliche Drehung der Polarisationsebene. Hd.- u. Jb. d. chem. Physik. Bd. 8 III, Akad. Verlagsges. Leipzig (1936).

[16] Landolt, H.: Das optische Drehungsvermögen organischer Substanzen und dessen praktische Anwendungen. Vieweg, Braunschweig (1898).

[17] Lowry, T. M.: Optical Rotatory Power. Dover Publ. Inc. New York (1964).

[18] Pockels, F.: Lehrbuch der Kristalloptik. Teubner (1906).

[18a] Röss, D.: Laser-Lichtverstärker und -oszillatoren. Akadem. Verlagsges. Frankfurt (1966).

[19] Schober, H.: Das Sehen. Bd. 2. Fachbuch-Verlag Leipzig (1958).

[20] Schormüller, J.: Hdb. Lebensmittelchemie. Bd. II, 1. Teil (Flügge, J.: Optische Polarimetrie, 454—484). Springer-Verlag, Berlin-Heidelberg-New York (1965).

[21] Snatzke, G.: Optical Rotatory Dispersion and Circular Dichroism in Organic Chemistry. Heyden & Son, London (1967).

[21a] Tradowsky, K.: Laser. Vogel-Verlag, Würzburg (1968).

[22] Velluz, L., et al.: Optical Circular Dichroism. Verlag Chemie, Academ. Press. Weinheim, New York (1965).

[23] Weissberger, A.: Physical Methods of Organic Chemistry. Vol. I, Part III (Heller, W., und D. D. Fitts: Polarimetry) Interscience Publ. New York (1960).

10.2. Zeitschriften

[24] BATES, F., u. R. F. JACKSON: Bull. Bur. Stand. **13** (1916) 67—128.
[25] BECKER, J.: Zucker **12**, Nr. 15 (1959).
[26] BILLINGS, B. H.: J. Opt. Soc. Amer. **39** (1949) 797 u. 802.
[27] BIOT, J. B.: Mém. Acad. Sc. **2** (1817) 41.
[28] BOURIAU, Y., et J. LENOBLE: Rev. d'Opt. **36** (1957) 531—543.
[29] BROSER, W., u. W. LAUTSCH: Z. Naturf. **6b** (1951) 369.
[30] BRUHAT, G.: Ann. de physique **3** (1915) 232.
[31] BRUHAT, G., et A. GUINIER: Rev. d'Opt. **12** (1933) 396.
[32] BRUHAT, G., et M. PAUTHENIER: Rev. d'Opt. **6** (1927) 163.
[33] BÜHRER, T., M. KOHLER u. H. H. GÜNTHARD: Helv. Chem. Acta **41** (1958) 2216.
[34] BÜNNAGEL, R.: PTB-Mitt. (1966) 412—415.
[35] BÜNNAGEL, R., u. H. HAHNE: Z. Instrkde. **75** (1967) 389—393.
[36] BÜNNAGEL, R., u. H. A. OEHRING: Z. ang. Physik **20** (1966) 419—423.
[37] CHAUMONT, L.: Compt. rend. **156** (1913) 1604.
[38] CHAUMONT, L.: Ann. de physique **4** (1915) 61.
[39] CHAUMONT, L.: Ann. de physique **5** (1916) 17.
[40] CHAUVIN: J. de physique **9** (1890) 5.
[41] COTTON, A.: J. de physique **7** (1898) 84.
[42] COTTON, A., u. R. DESCAMPS: Compt. rend. **182** (1926) 22.
[43] CRUMPLER, TH. B., W. H. DYRE u. A. SPELL: Anal. Chem. **27** (1955) 1645 bis 1648.
[44] DESAINS, P.: Compt. rend. **62** (1877) 1056.
[45] DESCAMPS, R.: Transact. Faraday-Soc. **26** (1930) 357—376.
[46] DRUDE, P.: Wied. Ann. **36** (1889) 865.
[47] EMMERICH, A.: Zucker **13** (1960) Nr. 6.
[48] FARADAY, M.: Phil. Trans. **1** (1846).
[49] FARADAY, M.: Compt. rend. **22** (1846) 113.
[50] FIZEAU, H., u. L. FOUCAULT: Compt. rend. **21** (1845) 1155.
[51] GATES, J. W., u. R. J. KING: Opt. Acta **9** (1961) 13.
[52] GILLHAM, E. J.: J. sc. instr. **34** (1957) 435—439.
[53] GILLHAM, E. J.: Nature **22** (1956) 1412—1413.
[54] GILLHAM, E. J., u. R. J. KING: J. sc. instr. **38** (1961) 21—25.
[55] GROSJEAN, M., u. M. TARI: Compt. rend. **258** (1964) 2034.
[56] HAAS, H., u. H. NEULEIB: Feingerätetechnik **11** (1962) 47—49.
[57] HAASE, M.: Zeiss-Mitt. **2** (1961) 173—181.
[58] HAHN, D., u. W. KERNCHEN: Z. Instrkde. **69** (1961) 239—243.
[59] HANSEN, G., u. E. MOHR: Spectrochim. A. **3** (1949) 584—598.
[60] HOLMES, D. A.: J. Opt. Soc. Amer. **54** (1964) 1115—1120.
[61] HOLMES, D. A., u. D. L. FEUCHT: J. Opt. Soc. Amer. **57** (1967) 755—757.
[62] HOLMES, D. A., u. D. L. FEUCHT: J. Opt. Soc. Amer. **57** (1967) 466—472.
[63] INGERSOLL, L. R., u. W. L. JAMES: Rev. sc. instr. **24** (1953) 23—25.
[64] JACKSON, R. F.: Bull. Bur. Stand. **13** (1916) 633.
[65] KARUSH, F.: Thesis Chicago (1941).
[66] KENYON, J.: Nature **117** (1926) 304.
[67] KERNCHEN, W.: Z. Zuckerind. **17** (1967) 63—67, 128—130.
[68] KING, J.: J. sc. instr. (1966) 924—926.
[69] KLING, O., u. M. MÄCHLER: Zeiss-Mitt. **4** (1968) 422—429.
[70] KUDRJASTSCHEW, W. J.: Sacchar. Prom. **27** (1953) 14—16; russ.
[71] KUHN, W.: Chemie **68** (1956) 93.
[72] KUHN, W.: Z. Elektrochem. **62** (1958) 28.
[73] LANDAU, S.: Physik. Z. **9** (1908) 417.
[74] LANDEGREN, G. F.: Rev. sc. instr. **26** (1955) 502—504.
[75] LANDT, E., u. H. HIRSCHMÜLLER: Dt. Zuckerindustrie **62** (1937) 647.

[76] LANDT, E., u. H. HIRSCHMÜLLER: DRP 691 441 v. 30. 4. 1940.
[77] LEVY, G. B., PH. SCHWED u. D. FERGUS: Sc. instr. **21** (1950) 693—698.
[78] LIPPICH, F.: Sitzb. Akad. Wiss. Wien, Math.-nat. Kl. Abt. IIa, **85** (1882) 307.
[79] LIPPICH, F.: Sitzb. Akad. Wiss. Wien, Math.-nat. Kl. Abt. IIa, **91** (1885) 1070.
[80] LÖFFLER, H., u. M. MÄCHLER: Zeiss-Inform. Nr. 60, (1966) 40—43.
[81] LOMMEL, E.: Ann. physik. Chemie **36** (1889) 731.
[82] MÄCHLER, M., H. LÖFFLER, H. SCHIWECK u. L. SÜSS: Zeiss-Mitt. **4** (1968) 404—418.
[83] MALCOLM, B. R., u. A. ELLIOT: J. sc. instr. **34** (1957) 48—49.
[84] OLDHAM, W. G.: J. Opt. Soc. Soc. Amer. **57** (1967) 617—624.
[85] PALLMANN, H., et al.: Ber. Schweiz. Bot. Ges. **50** (1940) 337—362.
[86] PALLMANN, H.: Bodenkdl. Forschg. **7** (1940) 53—71.
[87] PASSAGLIA, STROMBERG u. KRUGER: Nat. Bur. Stand. Misc. Publ. No. 256 (1964).
[88] PASSAGLIA u. STROMBERG: J. Res. A. **68 A,** No. 6 (1964).
[89] POCKELS, F.: Abh. Ges. Wiss. Göttingen **39** (1893) 1.
[90] RANK, D. H., J. H. LIGHT u. P. R. YODER: J. sc. instr. **27** (1950) 270—271.
[91] REULE, A.: Zeiss-Mitt. **2** (1962) 355—371.
[92] ROLLY, A. L., u. B. CARROLL: Anal. Chem. **33** (1961) 594—599.
[93] RUDOLPH, H.: J. Opt. Soc. Amer. **45** (1955) 50—59.
[94] SCHMITZ, W.: Zeiss-Mitt. **2** (1964) 227—249.
[95] SCHMITZ, W., u. E. VOLKERT: Zeiss Mitt. **1** (1959) 300—337.
[96] SCHOBER, H.: Zeiss-Mitt. **1** (1957) 63—69.
[97] SCHÖNROCK, O.: Z. Ver. Zuckerind. **54** (1904) 552.
[98] SCHÖNROCK, O., u. E. EINSPORN: Physik. Z. **37** (1936) 1—12.
[99] SCHÖNROCK, O., u. E. EINSPORN: DRP 664 762.
[100] SKINNER, C. A.: J. Franklin Inst. **196** (1923) 721.
[101] SKINNER, C. A.: J. Opt. Soc. Amer. **10** (1925) 491.
[101a] SMITH, G. P.: Optical Spectra **3**, Nr. 2, (1969) 33—37.
[102] SNATZKE, G.: Z. Instrkde. **75** (1967) 111—124.
[103] SPENGLER, O., u. H. HIRSCHMÜLLER: Z. Wirtschaftsgruppe Zuckerindustrie (1940/41) 115—126.
[104] TODESCO, G.: Nuovo Cim. **5** (1928) 376.
[105] TOOL, A. Q.: Phys. Rev. **31** (1910) 1.
[106] TRAGESER, M. B.: J. Opt. Soc. Amer. **42** (1952) 866.
[107] WENKING, H.: Z. Instrkde. **66** (1958) 1—5.
[108] WENKING, H.: Zeiss-Mitt. **1** (1957) 19—30.
[109] WENKING, H.: Zeiss-Mitt. **1** (1958) 155—156.
[110] WENKING, H.: Zeiss-Mitt. **2** (1961) 200.

11. Register

FSC
www.fsc.org
MIX
Papier | Fördert
gute Waldnutzung
FSC® C083411

Zeitfracht Medien GmbH
Ferdinand-Jühlke-Straße 7
99095 Erfurt, Deutschland
produktsicherheit@kolibri360.de